LE ROQUEFORT

PAR

E. MARRE

Professeur départemental d'Agriculture
de l'Aveyron

RODEZ - E. CARRÈRE
Éditeur

LE ROQUEFORT

Cabanières de Roquefort.

E. MARRE

PROFESSEUR DÉPARTEMENTAL D'AGRICULTURE

LE ROQUEFORT

Ouvrage orné de 151 gravures

RODEZ
E. CARRÈRE, ÉDITEUR
1906

PRÉFACE

'OUVRAGE que je livre aujourd'hui à la publicité n'est pas un travail hâtif; depuis quinze ans que je remplis dans l'Aveyron les fonctions de professeur départemental d'agriculture, j'ai eu maintes fois l'occasion d'étudier de près certains côtés de cette intéressante question du *roquefort* et j'ai publié sur ce sujet ou sur des sujets s'y rattachant plusieurs études dont on trouvera l'énumération plus loin.

Ces divers écrits rassemblés et coordonnés ont formé le fonds de la plupart des chapitres de cet ouvrage ; mais, comme l'industrie du *roquefort* est en voie de continuelles transformations, sous l'action du progrès, ce n'est pas sans d'importantes retouches et une sérieuse mise au point que j'ai pu les utiliser. J'ai dû, d'autre part, pour combler de nombreuses lacunes, recueillir une foule de documents nouveaux et faire à Roquefort même, dans les laiteries ou dans les fermes d'élevage, de fréquentes visites.

La consultation de toutes les publications citées dans la notice bibliographique qui accompagne cet ouvrage, travail considérable devant lequel j'ai failli reculer plusieurs fois en raison de sa longueur, m'a permis de faire, au milieu d'erreurs inévitables, une ample récolte de précieux renseignements.

Il ne m'est pas possible de citer les nombreux correspondants et amis qui m'ont aidé de leurs conseils, de leurs encouragements et de leurs avis éclairés ; qu'il me soit cependant permis de mentionner parmi eux M. de Lapparent, inspecteur général de l'Agriculture et M. Tallavignes, inspecteur de l'Agriculture de ma région.

Je dois des remerciements tout particuliers à MM. Lebrou, Massol, Rigal et Trémolet, directeurs des principales maisons de Roquefort, qui, avec la meilleure grâce du monde, ont bien voulu me tenir au courant des progrès réalisés et me fournir les renseignements les plus précis sur la fabrication. Je n'oublie pas dans mes remerciements le personnel de ces industriels qui s'est obligeamment prêté à mes exigences de photographe, ainsi que les autres négociants de Roquefort et des Caves similaires qui ont permis que je les mette à contribution pour l'établissement de la liste des laiteries et, subsidiairement, de la zone de production du fromage.

M. L. Lempereur, qui m'a fourni d'intéressantes notes historiques, M. Cartailhac, à qui je suis redevable de précieux documents, MM. Bonnefous, Cannac, Carrière, Cros, Fournialis, de Mazarin, Mazel, Vigarié, à qui je dois de très utiles précisions sur l'élevage et l'entretien des troupeaux de brebis laitières ainsi que sur la nomenclature des foires ; MM. Chauzit, Costes, Muff, Rigaux, mes excellents collègues du Gard, de l'Hérault, du Tarn et de la Lozère, qui m'ont procuré des renseignements statistiques relatifs à leurs départements ; M. Forestier, ingénieur de la Société des Caves et des Producteurs réunis, ont droit, eux aussi, à toute ma reconnaissance.

M. J. Arthaud-Berthet, de l'Institut Pasteur, auteur de très intéressantes recherches sur le lait et ses produits, a bien voulu m'aider à mettre au courant de la science actuelle, en les faisant bénéficier des récentes communications faites au 2e Congrès international de laiterie, les parties de mon travail ayant trait aux micro-organismes du lait et à la maturation des fromages. Je lui exprime ma vive gratitude.

Plusieurs photographes amateurs ou professionnels, auteurs d'intéressantes scènes prises sur le vif, m'ont permis d'embellir richement le texte et d'en augmenter la clarté ; la maison Hachette et Mme Vve Turgan m'ont aimablement autorisé à reproduire de vieilles gravures.

Enfin, je n'aurais garde d'oublier dans ce juste tribut de reconnaissance mon éditeur et ami M. Carrère, qui n'a reculé devant aucun sacrifice pour faire de ce nouvel ouvrage une magnifique publication artistique.

Rodez, Janvier 1906.

E. MARRE.

Roquefort : Sortie des cabanières.

I

SITUATION DE ROQUEFORT

OQUEFORT est le nom d'un petit chef-lieu de commune connu
dans le monde entier par la réputation de ses caves à fromage
et la délicatesse des produits qu'on y fait séjourner ; il est situé
dans le canton et l'arrondissement de Saint-Affrique (Aveyron),
sur le revers septentrional d'un coteau baigné par le *Soulzon*,
petit affluent du *Cernon*, qui se jette lui-même dans la rivière
du *Tarn* (1).

Le village est bâti sur un éboulis de rochers détaché, à une époque vraisemblablement très reculée, d'une haute falaise qui sert de frontière naturelle

(1) Latitude N. = 43°, 58', 39" : longitude E. = 0°, 39' 12" : altitude = 604 m. à la flèche du clocher ; altitude du plateau dominant Roquefort = 830 m. La population était de 937 habitants au recensement de 1901 ; au fort de la saison fromagère, cette population est plus considérable, par suite de la présence des employés, des ouvriers, des ouvrières et des charretiers qui viennent journellement à Roquefort.

à un petit causse de formation jurassique connu sous le nom de *Cambalou*.
Celui-ci fait face au grand *causse du Larzac* dont il est simplement séparé
par le *Soulzon*.

Par suite de cette situation, la plupart des maisons sont collées contre le
rocher et le village n'est pas à l'aise pour s'agrandir ; ses rues sont étroites,
mal percées et plutôt sales, par suite de l'absence d'égoûts et de l'abondance
des matières résiduaires fromagères ou autres (1).

« Avec ses toits d'ardoises bleues et de tuiles rouges, dit M. H. Vialettes (2)
Roquefort a un aspect pittoresque et bariolé. De la ligne de chemin de fer
de Tournemire à Millau, il produit l'impression d'une forteresse moyenna-
geuse, inexpugnable, percée de meurtrières. Mais cette impression toute guerrière cesse brusquement sitôt entré dans les rues roquefortaises. L'odeur de
fromage pénétrante, au relent caractéristique, bien différente de l'odeur de la
poudre, prend violemment le voyageur à la gorge et le rappelle à la réalité
moins brutale. Suivant qu'elle est plus ou moins forte on peut diagnostiquer,
presque à coup sûr, si l'on passe devant une usine ou la maison d'un particulier. De toute part règne une activité fébrile : les rues sont encombrées de
charrettes, de camions lourdement chargés de caisses, de colis ; les gens vont
et viennent affairés, les ouvriers se pressent ; bref, l'impression est bien différente de l'impression primitive. Sous les yeux, nous n'avons pas une cité
guerrière et belliqueuse, mais une ruche industrieuse, pacifique et laborieuse. »

La secousse qui a provoqué l'effondrement d'une partie du *Cambalou* sur lequel est construit Roquefort s'est produite, vraisemblablement, à la suite du
glissement sur les assises argileuses de la base (marnes du lias) des roches du
plateau et de leur cassure (3). La dislocation de ces énormes blocs a formé un
sol nouveau fissuré dans tous les sens. Entre la partie solide du plateau et la
partie effondrée se trouve un grand bassin, sorte de vaste entonnoir mesurant
plusieurs centaines de mètres de longueur, environ 60 mètres de largeur
et 30 mètres de profondeur dans lequel s'engouffrent les eaux de pluie et
l'air dont les courants refroidis et chargés d'humidité s'écoulent dans les célèbres caves bâties en contrebas et font de la position de Roquefort une position unique.

Il est facile de se représenter de quelle façon se forment les courants d'air
froid dans les strates brisées du *Cambalou*. L'air extérieur, pénétrant par les
fissures de la surface, se refroidit et se charge d'humidité en descendant au
contact des parois mouillées des rochers ou en léchant la surface des nappes

----

(1) Toutefois Roquefort est doté, depuis quelques années, de fontaines publiques, et, plus récemment, de l'éclairage électrique.

(2) H. VIALETTES. *L'Industrie fromagère du roquefort.*

(3) Ces glissements se produisent, de nos jours encore, ainsi que la chose a été nettement constatée à diverses reprises, le sol étant assez instable, par suite de la forte inclinaison de la couche argileuse sous-jacente.

d'eau souterraines retenues par les couches argileuses; désormais plus dense, il tend à s'écouler par les orifices inférieurs, c'est-à-dire par les soupiraux des caves et à se renouveler par les bouches supérieures (1).

Ce mouvement est d'autant plus actif et la température est d'autant plus basse que l'air est plus sec et plus chaud, que le conduit est plus long et plus humide : Dans les meilleures conditions, le courant est si fort qu'il éteint les lumières que l'on place devant; il cesse de se produire lorsque la tempé-

Roquefort.

rature de l'atmosphère est plus basse que celle des cavités ou que l'air extérieur est saturé d'humidité. Ces conditions étant variables, il en résulte que la température et l'hygrométrie ne sont pas les mêmes pour toutes les caves, ni pour tous les jours de l'année.

Le mouvement d'air qui se produit dans les souterrains du *Cambalou* est comparable, mais en sens inverse, à celui des cheminées de nos habitations : dans celles-ci l'air s'échauffe en traversant le combustible et, devenu ainsi plus léger, tend à s'élever d'autant plus rapidement qu'il est plus chaud et la

---

(1) L'eau d'une fontaine publique qui sourd au-dessous du village et qui circule elle aussi à travers les strates brisées est également très fraîche et marque 6 à 7° de température.

Cette fontaine n'est pas la seule curiosité naturelle de Roquefort ; il faut signaler encore, dans cette localité ou dans ses environs immédiats : le *Rocher de Saint-Pierre* surmonté d'une chapelle de même nom et dominant la *Rue des Caves*, un *Echo* renommé, la *Grotte des fées*, les *Barragnaoudos* ou *Rochers de la peur*, le *Rocher percé* et, presque au sommet du coteau de Saint-Pierre, la *Fontaine des oiseaux*.

cheminée plus longue ; il est remplacé, d'une manière continue, par de l'air froid qui afflue de l'intérieur des appartements. Dans les conduits qui aboutissent aux caves de Roquefort, c'est exactement l'inverse qui se produit, au moins en été et avec le vent du midi : les courants d'air qui les traversent

Eboulement de Roquefort (Coupe géologique).

sont dirigés de haut en bas, l'air froid étant plus dense et plus lourd que l'air ambiant. En hiver, au contraire, et avec le vent du nord, les courants s'établissent dans le sens normal des cheminées, c'est-à-dire de bas en haut, ce qui n'est pas sans inconvénients à cause de la dessiccation qui en résulte pour les fromages ; l'établissement de portes aussi étanches que possible, que l'on tient fermées dans ces cas particuliers, paralyse dans une certaine mesure ces courants défavorables.

Roquefort : La rue principale.

II

HISTORIQUE

ES documents très nombreux, dont quelques-uns très anciens, permettent de penser que les fissures ou caves naturelles, très communes au pied du *Cambalou*, ont été utilisées pour l'affinage des fromages de brebis produits dans les environs, à une époque très reculée.

Certains estiment que le fromage dont il est question dans le passage suivant de l'*Histoire naturelle* de Pline (1) : « *Laus caseo Romae ubi omnium gentium bona cominus judicantur, e provinciis Nemausenci praecipua, Laesurae, Gaba.icique pagi ; sed brevis, ac musteo tantum commendulio* (2) », n'est autre que

(1) PLINE L'ANCIEN. *Histoire naturelle*, Livre XI, chapitre XCVII (XLII).
(2) Voici, d'après LITTRÉ, la traduction de ce passage : « Le fromage le plus estimé à Rome, où l'on juge, en présence l'une de l'autre, les productions de tous les pays, est, parmi les fromages des provinces, celui

le *roquefort*. Nous considérons cette citation comme s'appliquant, avec plus de raison, au *fromage de Laguiole* qui, de nos jours encore, est fabriqué sur une partie du Gévaudan et même du mont Lozère (1). Le *roquefort*, au contraire, paraît n'avoir été produit, surtout à l'origine, que dans les environs immédiats de Roquefort qui, géographiquement, n'a rien de commun avec les provinces citées par Pline (2).

Dans ses *Mémoires*, l'historien Bosc dit que la « propriété des Caves de Roquefort est connue depuis bien longtemps, comme on peut s'en convaincre par un acte des archives de Conques par lequel Frotard de Cornus, donnant

Traite de la brebis (d'après un bas-relief de Clodion).

à ce monastère ses alleus des Enfruts, de las Menudes, de Malpoiol et de Nègra-Boissière, déclare, entre autres revenus dépendant de ces terres, deux fro-

qui provient de la contrée de Nîmes, de la Lozère et du Gévaudan ; mais le mérite en dure peu et il ne vaut que tant qu'il est frais. »

M. Reisser, dans une étude intitulée : *Pline l'Ancien et le « Caseus Lesurae Gabalicique pagi musteus »*, traduit différemment la fin de ce passage : « Le fromage le plus estimé à Rome... est... celui qui provient de la contrée de Nîmes et celui du Lozère au pays des Gabales : leur mérite est limité et ils ne valent qu'additionnés de vin doux ». M. l'abbé Pascal, dans une étude publiée en 1854, « *Notice sur le fromage de la Lozère, à l'occasion de la citation qu'en fait Pline le naturaliste* », donne également au mot *musteo* le sens de vin doux ».

(1) Voir E. MARRE. *La race d'Aubrac et le fromage de Laguiole.*

(2) Citons néanmoins l'opinion de de Broca donnée, vers 1867, dans un article intitulé : « *Réponse à un article de M. Babinet sur Roquefort* »: « On peut faire remarquer que des producteurs de la partie de la Lozère et du Gévaudan (pays des Gabales), qui confine à l'Aveyron et qu'on appelle Caussenègre, envoient leurs fromages aux caves de Roquefort ; que le Larzac, où sont situées ces caves est fort peu éloigné de la Lozère et forme une ramification des Cévennes dont le mont Lozère n'est qu'un des points culminants ; que le plateau du Larzac a été traversé par une voie romaine se dirigeant vers Nîmes où les dominateurs temporaires de la Gaule avaient des établissements si importants et devaient concentrer les produits du pays des Ruthènes destinés à être envoyés à Rome ; qu'enfin l'observation faite par Pline que les fromages en question doivent être mangés frais (*musteo*) peut s'appliquer au *roquefort* transporté dans un pays chaud comme l'Italie où il deviendrait trop piquant par un long séjour. »

« Si nous admettons que Pline ait visé les *fromages de Roquefort*, écrit d'autre part M. Reisser dans

mages qui doivent lui être payés annuellement par chacune des Caves de Roquefort : *et donat unaquæque cabanna duos fromaticos* (1) ». Ce document, datant du règne de Philippe Ier, vers l'an 1070, semble indiquer que les Caves de Roquefort étaient connues bien avant cette date.

En 1338, l'hôpital de Millau, pour faire saler son fromage à Roquefort, dépense 60 sous (2) : « *Item costero los fromagges da Roquefort da salar* LX s. »

En 1411, « dernier d'avril », des lettres patentes de Charles VI défendent de saisir les fromages qui sont dans les caves de Roquefort, pour cause de dettes, sauf à défaut d'autres biens meubles. Dans ces lettres, il est expliqué qu'à

Traite de la chèvre (d'après un bas-relief de Clodion).

Roquefort il n'y a ni vin, ni blé, sauf du blé de mars, et qu'il y a des caves « *moult froides en l'esté desquelles les gens du pais d'environ qui ont fromaiges les y aportent pour les illec conroyer (arranger) et mieulx assaisoner et prennent la peyne et diligence, moiennant certain argent o aultres proffits qu'ils ont et prennent de ceulx à qui sont les fromaiges, dont les dicts suppliants gaignent leur pain et soutiennent leurs povres vies* » (3).

Les lettres patentes octroyées par Charles VI furent confirmées par François Ier, Henri II, François II et Louis XIII, les 6 février 1518, 8 septembre 1550, septembre 1560 et 10 décembre 1619 (4).

Une pièce de procédure datée de 1439 (5) nous fait connaître que la communauté de Roquefort revendiquait le droit de percevoir chaque année, à la Saint-

l'article cité ci-dessus, c'est par le mot « *Nemausenci* » qu'il les désigna et non par celui de « *Lesurae* ». Nimes est peu éloigné de Roquefort et le département de l'Aveyron touche au département du Gard. »

(1) Bosc. *Mémoires pour servir à l'histoire du Rouergue*, 1797.
(2) L'abbé ROUQUETTE. *Recherches historiques sur la ville de Millau au moyen âge*, t. 1, p. 76.
(3) D'après des documents recueillis par M. Lempereur, archiviste départemental de l'Aveyron.
(4) Id.
(5) Id.

Luc, une forme de chaque personne apportant des fromages pour les préparer et les saler dans les caves, destinant le produit de ces prélèvements à la réparation des murs et fortifications et autres charges du dit lieu : « *Predictam universitatem esse et fuisse in observancia, usu et consuetudine possessioneque et saisina percipiendi, exhigendi et levandi singulis annis, die festi beati Luce evangeliste, a qualibet persona differente caseos pro preparando et salando in domibus dicti loci ad hoc ordinatis, aliter vocatis las cabanas, videlicet pro qualibet talha ejusdem unum caseum aliter vocatum una forma secundum qualitatem et quantitatem dicte talhe, dictosque caseos sic per eos receptos in reparatione murorum et fortalicii ac aliorum onerum dicti loci convertendi* » (1).

Préparation à la traite
(d'après un dessin extrait du *Tour du Monde*, 1875, communiqué par MM. Hachette et Cⁱᵉ).

Les documents qui précèdent indiquent nettement qu'à l'origine les producteurs de fromage apportaient simplement en dépôt leurs produits aux caves pour les y faire saler et affiner, moyennant rétribution, et les reprenaient ensuite pour les consommer ou pour les vendre. Mais ce genre de commerce, en raison de l'éloignement des vendeurs, de leurs relations peu étendues et des difficultés de communication, dût devenir pénible et difficile à un moment donné, surtout lorsque la production augmenta, et c'est sans doute sous l'influence de ces difficultés que les propriétaires de caves furent amenés progressivement, d'abord à vendre, pour le compte des cultivateurs, les fromages

(1) Document recueilli par M. Lempereur, archiviste départemental de l'Aveyron

affinés, ensuite à acheter ferme pour leur propre compte, (comme cela se fait encore aujourd'hui), des fromages frais qu'ils revendirent mûrs. « Le négociant intéressé à la réputation de son fromage, dit Limousin-Lamothe (1), le soigna mieux ; la consommation augmenta ; la prospérité de ce commerce ne fit que s'accroître et le pays tout entier dût sa fortune à ces caves dont peut-être le hasard seul avait fait connaître la propriété. »

En 1547, un arrentement (2) de la dime des fromages est consenti par la communauté de Roquefort à un nommé Fabre moyennant huit quintaux trois *pèzes* (3) et demi de fromages : « *per lo prés et quantitat de huech quintals tres pézas et miéza de fromatgés bons et marchans de aquels que se levaran del*

Chargement des fromages
(d'après un dessin extrait du *Tour du Monde*, 1875, communiqué par MM. Hachette et C·).

comu : promet paguar lod. Fabre losd. fromatgés als dictz sendictz quant losd. sendictz et la communa n'aura nécessitat de jour en jour et tout en continuen. »

En 1550, les habitants de Roquefort sollicitent et obtiennent du parlement de Toulouse (4) un arrêt qui leur assure le privilège de la fabrication des fromages et défend à tous individus, manants ou autres de s'occuper de cette

(1) LIMOUSIN-LAMOTHE. *Mémoire sur Roquefort.*
(2) Document recueilli par M. Lempereur, archiviste départemental de l'Aveyron.
(3) La *pèze* était un poids utilisé en plusieurs endroits du Rouergue, mais n'ayant pas partout la même valeur. Cette valeur semble avoir varié, d'après M. H. Affre (*Dictionnaire des institutions, mœurs et coutumes du Rouergue*), entre 20 et 25 livres.
(4) *Notice sur les caves et les fromages de Roquefort.* — A. ROQUES et J. CHARTON. *Roquefort et ses environs.*

fabrication en dehors du village de Roquefort, sous peine d'une amende de
six livres par quintal.

Cette juridiction, jalouse de conserver au *fromage de Roquefort* sa juste réputation, défendit plusieurs fois de mettre en vente, sous son nom, des fromages d'origine différente, témoin l'arrêt suivant du parlement (1) en date
du 31 août 1666, « *qui fait très expresses prohibitions & défenses à tous merchandz,
voyturiers & autres personnes de quelle qualité & condition qu'ils soient qui au-
rons prins et achepté du fromaige dans les cabanes & lieux du voysinage du dict
Roquefort, de le vendre, bailler, ny debiter en gros ny en détail pour véritable*

Raclage des fromages
(d'après un dessin extrait du *Tour du Monde*, 1875, communiqué par MM. Hachette et Cⁱᵉ).

fromaige de Roquefort à peine de mil livres d'amende & d'en estre enquis » (2).
Le dernier acte du parlement de Toulouse date du 31 janvier 1785.

Un manuscrit de 1552 (3), nous apprend qu'à la foire tenue annuellement
dans la petite ville de Creissels, les transactions sur le *roquefort* seul laissaient cinq à six mille livres de profit.

En 1554, le Juge Mage du Rouergue étant venu à Saint-Affrique à l'occasion d'un procès entre les consuls de cette ville et l'évêque de Vabres, on lui
offrit des *fromages de Roquefort* « comme un présent digne d'un homme de
son importance (4) ».

(1) *Arrest de la souveraine cour du Parlement de Toulouse*, 31 août 1666.
(2) MARCORELLES. *Mémoire sur le fromage de Roquefort*.
(3) H. AFFRE. *Dictionnaire des institutions, mœurs et coutumes du Rouergue* ; mot *Fromage*.
(4) *Notice sur les caves et les fromages de Roquefort*.

En 1664, fut établi le *livre compoix* des terres et du village de Roquefort, relevant alors de la généralité de Montauban. Le *compoix* établissait la contenance, le bornage, la valeur de chaque parcelle de terrain et fixait la taille due au roi. Sur le compoix de Roquefort figurent quelques caves, entre autres la « *cavane de l'abbaye de Nonenque* » (1).

Des documents recueillis par M. H. Affre (2), dans les comptes consulaires de recettes et de dépenses de la communauté de Millau, indiquent que les consuls de cette ville faisaient des cadeaux de *fromage de Roquefort* aux hommes qu'ils avaient le désir de ménager ou d'intéresser à leurs affaires, tels que

Revirage des fromages
(d'après un dessin extrait du *Tour du Monde*, 1875, communiqué par MM. Hachette et C**).

l'Intendant de la Généralité et ses secrétaires, les hommes d'affaires chargés de représenter Millau au Grand Conseil, au Parlement ou ailleurs : « Et, pour ne pas être trompés sur la qualité du produit, un des consuls se rendait à Roquefort pour choisir ce qu'il y avait de mieux. Le 25 août 1683, 2 quintaux, 75 livres furent payés à raison de 28 livres le quintal et adressés à M. de Péguerolles à Toulouse, avec le nom, l'adresse et la qualité des personnes auxquelles les fromages étaient destinés, pour les remercier des services rendus dans le procès de la communauté contre le prieur de la paroisse. En

(1) TURGAN. *Les grandes usines ; Caves de Roquefort, Aveyron.*
(2) H. AFFRE. *Dictionnaire des institutions, mœurs et coutumes du Rouergue ;* mot *Fromage.*

1701, le 8 novembre, un achat de 4 quintaux, 14 livres fut fait à Mme Vernhet née Réfrégier, au prix, cette fois, de 36 livres le quintal. »

Cet usage de faire des présents aux tout-puissants du jour cessa en 1766, sur la demande de l'un d'eux, s'il faut en croire le document relevé par M. Artières dans les *Archives de Millau* : « La communauté, dit-il dans les *Annales de Millau* (1), avait depuis bien longtemps l'habitude d'envoyer chaque année à l'Intendant de Montauban une charge de *fromages de Roquefort* ; elle s'imposait à ce sujet de 300 livres.

» En 1766, M. de Gourgue estimant que c'était là un usage abusif et onéreux pour la ville, écrivit à l'Administration communale qu'il y aurait un bien meilleur usage à faire de ces fonds, notamment en l'employant au soulagement des pauvres de la ville et qu'en conséquence il lui saurait gré de ne plus lui faire à l'avenir pareil envoi » (2).

En 1704, le *Dictionnaire universel* de Trevoux dit que « le *roquefort*, le *parmesan* et le *fromage de Sassenage* en Dauphiné, sont des fromages fort estimés ».

« Le 24 décembre 1724, rapporte M. H. Affre (3), on servit sur la table de son Eminence l'Archevêque de Paris un des deux superbes *roqueforts* à lui offerts par M. l'abbé de Glandières de Bussac, archidiacre dans la Cathédrale de Rodez, qui était dans l'usage de renouveler tous les ans ce cadeau. Le duc de Noailles qui dînait ce jour là à l'Archevêché, fit le plus grand éloge du produit rouergat. »

Marcorelles (4) nous apprend que, en 1754, on comptait vingt-six grottes propres à recevoir les fromages fournis par cinquante mille brebis paissant sur les pâturages abondants de l'immense plateau du Larzac. Il se faisait de ce fromage, qui voyageait à dos de mulet, une consommation importante, non seulement dans le Rouergue et le Languedoc, mais encore dans la Provence, le Dauphiné, le Roussillon, la Gascogne, à Lyon, à Bordeaux, à Paris. On en expédiait même en Italie, en Angleterre et en Hollande et dans les îles françaises. Marcorelles est le premier auteur sérieux qui traite avec détails de la préparation technique du *roquefort*. Son mémoire est reproduit, dans ses parties essentielles, par l'abbé Rozier, en 1786 (5).

« Les derniers fromages que vous nous avés envoyés se sont trouvés excellents, écrivait à la date du 13 février 1767, M. de Bertin, conseiller d'Etat et prieur de Coubisou, à M. Saltel notaire à Espalion et juge du dit Coubisou. Je voudrais fort faire parvenir à mon frère l'évesque de Vannes, avant le caresme prochain, un pareil envoy ; mais aurés-vous la facilité de les lui

(1) Jules Artières. *Annales de Millau : Les présents à l'Intendant ; Année 1766.*
(2) *Archives de Millau ; BB. 19.*
(3) H. Affre. *Dictionnaire des institutions, mœurs et coutumes du Rouergue ; mot Fromage.*
(4) Marcorelles. *Mémoire sur le fromage de Roquefort.*
(5) L'Abbé Rozier. *Cours complet d'Agriculture ; mot Fromage.*

Roquefort vers 1830 (d'après Perrot).

adresser à Vannes en Bretagne. Vous pourriés les adresser par Toulouse, à M. Perceval greffier de la 2ᵉ chambre des enquestes, rue Sainte-Catherine à Bordeaux, avec prière de ma part de les faire passer, à la 1ʳᵉ occasion, à Vannes. Cela allant par eau sera long, mais moins coûteux » (1).

D'après Peuchet (2), on faisait à Roquefort, à la fin du xviiiᵉ siècle, des fromages de lait de brebis très estimés et on en expédiait beaucoup à Paris.

« Le *fromage de Roquefort* est sans contredit le premier fromage d'Europe » écrivent Diderot et d'Alembert (3), en 1782.

Desmarest (4), en 1784, donne de nombreux détails techniques presque textuellement empruntés à Marcorelles ; il nous apprend que « le *fromage de Roquefort* est, de tous ceux qui se font en France, celui qui a le plus de réputation par la délicatesse de son goût, la fermeté de sa pâte et le persillage qui se forme dans certaines parties de sa masse ». Il nous apprend aussi qu'il est produit par les brebis paissant sur le Larzac, sur le canton de Causse-Nègre dans le Gévaudan et dans quelques parties du diocèse de Lodève, depuis les premiers jours de mai jusqu'à la fin de septembre et que l'on compte à Roquefort vingt-six caves. « Les bonnes qualités du *fromage de Roquefort*, dit-il, sont d'être frais, d'un goût fin et délicat, bien persillé, c'est-à-dire parsemé dans l'intérieur de veines d'un vert bleuâtre. » On expédie surtout le fromage affiné à Nîmes, Montpellier, Toulouse, et à Bordeaux et Paris

Une cabanière vers 1860 (d'après un vieux dessin extrait du volume *Les grandes usines*, par Turgan).

(1) H. Affre. *Dictionnaire des institutions, mœurs et coutumes du Rouergue* : mot *Fromage*.
(2) Peuchet. *Dictionnaire universel de la Géographie commerciale.*
(3) Diderot et d'Alembert. *Encyclopédie des sciences, des arts et des métiers.*
(4) Desmarest. *Fromages de Roquefort.*

dès que les chaleurs sont passées ; de ces centres commerciaux, le fromage se répand dans les provinces voisines et même à l'étranger.

Dans ses *Mémoires* (1796) l'abbé Bosc (1) considère le *roquefort* comme « le premier fromage de l'Europe » et nous apprend que les caves dans lesquelles on l'affine sont au nombre de vingt-six et sont connues « de toutes les parties de la France et des états voisins ». Ces caves « ont été formées ou du moins ébauchées par la nature : on les a agrandies pour les rendre plus commodes... On voit, en différents endroits du rocher où les caves sont creusées et surtout près du pavé, des fentes ou de petits trous irréguliers, d'où sort un vent froid et assez fort pour éteindre une lumière qu'on approche de l'ouverture, mais qui perd sa force à trois pieds de sa sortie. C'est à la froideur de ce vent qu'on attribue celle qui règne dans les caves... »

Le transport des fromages se faisait autrefois à dos de mulet dans des caisses ouvertes portant la marque des fermes qui les avaient confectionnés. Il fallait 20 ou 24 jours, nous dit M. Affre (2), pour le transport des pièces à destination de Paris et cela coûtait 16 livres le quintal.

En 1802, l'historien Alexis Monteil (3) signale l'importance déjà considérable de l'industrie du *roquefort* et donne, entre autres détails, les suivants : « Les fromages qu'on porte à Roquefort, viennent, la plupart, des Montagnes du Larzac. Les propriétaires des caves les achètent, depuis le commencement de floréal jusqu'à la fin de fructidor. Ils coûtent de 6 à 7 sous la livre et se vendent, à leur sortie des caves, environ 50 fr. le quintal, poids de marc. Les principaux débouchés sont Paris, Bordeaux et les grandes villes du Midi. On a tenté d'en faire des envois en Amérique; mais ce n'est qu'en les renfermant dans des boîtes de plomb qu'on parvient à les conserver pendant la traversée. En général, ce fromage ne peut être transporté que difficilement ; ce n'est que par les plus grandes précautions qu'on peut l'empêcher de s'altérer... »

« On sait qu'ils viennent du Rouergue, dit encore Alexis Monteil en parlant des *fromages de Roquefort* (4). Le caillé qu'on emploie est fait de lait de brebis et d'un peu de lait de chèvre ; il est brisé jusqu'aux plus petites parties. Lorsqu'il est retiré des formes, il est ceint d'une bande de toile, et c'est alors un fromage qui est porté au séchoir, puis aux caves où on lui donne le sel en l'en frottant sur les deux plats de sa surface. Ensuite, on racle, à plusieurs reprises, le duvet qui se forme sur la croûte, après quoi on le laisse mûrir sur des tablettes au milieu des courants d'air, qui se forment par les interstices des rochers où les caves sont creusées. Ce fromage délicat, fin, crémeux, marbré, piquant, vous tient toujours sur l'appétit, vous le donne ou vous le rend. »

(1) L'ABBÉ BOSC. *Mémoires pour servir à l'Histoire du Rouergue.*
(2) H. AFFRE. *Dictionnaire des institutions, mœurs et coutumes du Rouergue; mot Fromage.*
(3) A. MONTEIL. *Description du département de l'Aveiron, an X.*
(4) A. MONTEIL. *Histoire des Français des divers états, XVIIe siècle; Chap. LVI : Du chevalier de Malte.*

Girou de Buzareingues (1), en 1830, parle de dix caves à fromage dont cinq seulement « ont des soupiraux à courant d'air extrêmement froid qui vous pénètre et vous glace, même en été » ; Abel Hugo (2), en 1835, en signale une vingtaine, et Limousin-Lamothe (3), en 1841, en compte 34 dont 23 naturelles.

» De 1670 jusqu'en 1789, rapporte une notice de Turgan publiée en 1867 (4), cette industrie ne prit pas un grand développement : il ne devait pas se produire alors plus de 2000 quintaux de 50 kil. de fromage ; le pays était privé de toute bonne voie de communication; le fromage frais était porté à Roquefort à dos de mulet et, une fois mûr, il était expédié par le même procédé ; c'est tout au plus si ces produits pouvaient arriver à Toulouse, Montpellier, le Vigan.

» Le commerce était, en 1790, réuni presque entièrement entre les mains de trois rivaux : la plus ancienne maison était celle de Delmas frères ; venaient

Roquefort : Les Caves de la Rue (Photographie de M. Forestier).

après, celle de Laumière ainé et celle d'Antoine Arlabosse. D'après les livres de cette

(1) GIROU DE BUZAREINGUES : Mémoire sur les Caves de Roquefort.
(2) ABEL-HUGO. La France pittoresque : Aveyron.
(3) LIMOUSIN-LAMOTHE. Mémoire sur Roquefort (Mémoires de la Société des lettres, sciences et arts de l'Aveyron).
(4) TURGAN. Les grandes usines : Caves de Roquefort.

époque, il devait se produire environ 5 000 quintaux de fromage. De 1800 à 1815 , ce fut une période de prospérité qui créa de grandes fortunes relativement à celles de cette époque ; la production augmenta de cinq mille à dix mille quintaux. De 1815 à 1830, ce fut, au contraire, une période fatale, causant de nombreuses déconfitures et des ruines rapides occasionnées par la concurrence acharnée que se firent les négociants.

» Le fromage frais s'achetait à 50 fr. les 100 kil., prix moyen; il tomba tout à coup à 40 fr. et les usines de Roquefort passèrent dans de nouvelles mains étrangères au pays.

» Durant quinze ans, la production resta stationnaire, le commerce n'offrant plus à l'agriculture des prix rémunérateurs. En 1840, vint à Roquefort une maison de Montpellier, Rigal et Cie, tenter le monopole de l'exploitation. Toutes les caves furent affermées. Mais ce monopole ne dura guère que deux années, 1840, 1841 ; on chercha, on trouva de nouveaux emplacements de caves ; il fallut lutter et c'est de cette lutte qu'est sorti le Roquefort de ce jour (1850), quatre fois plus important, rebàti presque à neuf : l'importance et la capacité des caves fut quadruplée, la manipulation fut perfectionnée, les relations commerciales s'étendirent et le personnel fut mieux organisé. »

Aujourd'hui, les maisons de Roquefort expédient du fromage dans les cinq parties du monde. Comme nous le verrons plus loin, cette industrie s'est développée dans des proportions extraordinaires. Sans doute les fromages que l'on fabrique actuellement ne ressemblent pas exactement aux types primitifs. Mais ils ont cela de commun avec eux que l'influence des caves leur fait acquérir d'inimitables qualités. On comprend dès lors que les industriels de Roquefort soient si jaloux de leur marque et n'hésitent pas à engager des procès contre ceux qui empruntent le nom de leur localité pour lancer sur le marché des produits similaires, mais toujours de moindre valeur.

Le Larzac (Photographie de M. E. Marre).

III

LES ANIMAUX ET LES PAYS PRODUCTEURS
DE LAIT

LIMITÉE tout d'abord aux environs immédiats de Roquefort, la production du fromage est devenue plus tard la spécialité des *causses* qui entourent cette localité et des vallées qui les découpent. Le *Causse du Larzac* fut, pendant longtemps, le principal producteur : « Les fromages qu'on porte à Roquefort, écrivait Monteil (1) il y a un siècle, viennent la plupart des montagnes du Larzac. » Vers 1830 , le *Camarès* commença à contribuer à la production.

Mais, en présence de l'augmentation toujours croissante de la consommation et du développement des voies ferrées, cette industrie n'a pas tardé

(1) A. MONTEIL. *Description du département de l'Aveiron, an X* (1802).

à sortir de ses frontières naturelles : le rayon de production s'est étendu considérablement et l'on fabrique aujourd'hui du fromage dans les contrées les plus diverses.

Tout l'Est du département de l'Aveyron (arrondissements de Saint-Affrique, Millau, Rodez), une petite partie des départements de la Lozère, du Gard, de l'Hérault et du Tarn envoient à Roquefort des fromages à affiner. La Corse elle-même, depuis quelques années, est entrée dans le mouvement et concourt, dans une petite mesure, à la production.

Sources de la Sorgue.

Il résulte de cela que les animaux producteurs de lait et les terrains qui les nourrissent ne sont pas d'un type uniforme. Nous allons successivement passer en revue chaque race exploitée et faire connaître en même temps les différences caractéristiques des diverses régions de production.

LE PLATEAU DU LARZAC ET LA RACE DU LARZAC. — C'est incontestablement le *Larzac* qui fournissait autrefois la majeure partie du lait employé dans la fabrication du *roquefort;* il concourt encore aujourd'hui dans une grande mesure à cette production.

Le *Larzac* est un vaste plateau calcaire de formation jurassique qui chevauche sur les deux versants de l'Océan et de la Méditerranée et occupe une superficie de plus de 100 000 hectares. « Composée d'une alternance plusieurs fois répétée de roches arénacées, argileuses et calcaires, cette formation offre, plus que toute autre, cette diversité de formes qu'amène toujours l'inégalité de structure et de cohésion des roches superficielles (1). »

D'une altitude de 700 à 900 mètres, la partie supérieure de ce vaste plateau est constituée par du *calcaire oolithique* et bordée, surtout vers le Sud et l'Est, par de gigantesques escarpements à la base desquels coulent à une altitude

Camp du Larzac (Photographie de M. E. Marre).

plus basse de cinq cents ou six cents mètres les rivières du *Tarn*, de la *Dourbie*, du *Cernon*, de la *Sorgue*, de l'*Orb* et de la *Lergne*.

L'aspect général du Larzac est des plus tristes ; les habitations y sont très rares. Aussi l'Administration de la Guerre a-t-elle été à l'aise pour établir, dans de bonnes conditions, sur ce plateau, un vaste camp de 5 000 hectares qui sert aux tirs de guerre et aux manœuvres militaires des 15e et 16e corps d'armée.

Le roc, gris et comme calciné, émerge de partout, et dans les interstices poussent des arbres rabougris et des herbes languissantes qui semblent, pour

(1) Ad. Boisse. *Esquisse géologique du département de l'Aveyron.*

un étranger, complètement inutilisables. C'est à peine si, de loin en loin, on trouve, dans les dépressions (*combes* ou *sotchs*) où le temps et les eaux pluviales ont accumulé une couche plus ou moins épaisse de terre végétale (1), des champs peu nombreux sur lesquels le *caussenard* concentre tous ses efforts. Le sol est souvent encombré de cailloux et sillonné par des rochers souterrains qui viennent poindre çà et là à la surface, de sorte que, selon l'expression de Rodat (2) « un champ récemment ensemencé donne l'idée d'une mer

Une lavogne sur le Larzac (Photographie de M P. Lebrou).

parsemée de récifs et les labours sont toujours pénibles et imparfaits ».

Cette aridité est aggravée encore par la perméabilité exagérée du sol et du sous-sol : les eaux de pluie ne s'arrêtent pas à la surface et filtrent comme à travers un crible ; arrêtées par les couches marneuses imperméables qui constituent la base du *causse*, elles vont former, à des profondeurs diverses, mais toujours considérables et hors de portée, de vastes réservoirs dont le trop plein alimente les belles sources qui jaillissent à la base des escarpements.

(1) La terre qui recouvre par endroits les roches dures calcaires ou le fond des cuvettes des *sotchs*, et dont l'origine n'est pas encore bien élucidée, est formée probablement soit par une mince couche de limon laissée par les eaux diluviennes, soit par la décalcification de la roche calcaire.

(2) A. Rodat. *Le Cultivateur aveyronnais*.

La pluie est la divinité tutélaire du *causse* : lorsqu'elle est abondante, il produit spontanément d'excellents pâturages dans lesquels les légumineuses occupent une place importante : mais, vienne la sécheresse, ces pâturages naturels ainsi que les récoltes sont rapidement enrayés dans leur développement.

Pour se préserver de la soif, eux et leurs troupeaux, les *caussenards* n'ont d'autre ressource que les vastes citernes dont les exploitations sont généralement dotées ou les grandes mares (*lavognes*) qui, de loin en loin, recueillent les eaux de pluie s'écoulant le long des chemins.

Toutefois, la terre qui se trouve dans le fond des étroites vallées dont les sinuosités limitent ou découpent le Larzac, ou sur le flanc des terrains situés

Sainte-Eulalie-du-Larzac.

à la base de ses hautes falaises, n'a pas l'aridité des roches dolomitiques du plateau. Ces roches dures, rongées par l'érosion, entraînées par de formidables courants diluviens, ont disparu depuis des siècles pour faire place à des terrains d'alluvion ou à des talus à pente adoucie formés de couches marneuses, argileuses ou arénacées. Ces derniers sols qui appartiennent à l'oolithe inférieure ou au lias supérieur, permettent la culture de la vigne et des arbres fruitiers, de l'amandier en particulier, et contrastent par leur fertilité avec la nudité du plateau.

Mais ces bonnes terres ne représentent malheureusement qu'une minime exception dans l'ensemble du *causse* et ne forment, le plus souvent, qu'une zone étroite autour de lui ; elles doivent être considérées comme des exceptions. « Leur surface, presque toujours faiblement inclinée et sur laquelle il est facile de diriger les eaux des nombreuses sources qui jaillissent à la partie supérieure, présente d'ailleurs les conditions les plus favorables à la culture des prairies. (1) »

(1 AD. BOISSE. *Esquisse géologique du département de l'Aveyron.*

Des formations privilégiées de même nature se rencontrent parfois aussi, en îlots plus ou moins étendus, sur la table supérieure du Causse lui-même et se distinguent des parties arides qui les entourent par plus de fraîcheur et de fertilité, constituant de véritables oasis au milieu du désert ; tels sont les environs de L'Hospitalet et de La Cavalerie (1).

Un climat des plus rudes entrave, de son côté, la végétation sur le plateau : en été c'est le soleil ardent qui grille tout ; en hiver ce sont le froid et la neige qui commencent tôt et finissent tard ; toute l'année c'est le vent qui, ne rencontrant pas d'obstacles, balaie avec violence la surface du *causse*.

Cependant, ces déserts calcaires ne sont pas sans utilité pour l'homme qui a su trouver l'élément d'une industrie agricole spéciale et fructueuse dans les chétives graminées, dans les délicates légumineuses, dans les herbages rares mais substantiels qui croissent dans les interstices des rochers dont le sol est jonché (2).

Les animaux de l'espèce bovine, qui s'accommoderaient mal des maigres pâturages du *causse*, ne sont entretenus que pour les besoins du service (3) ; par contre de nombreux troupeaux de brebis tirent le meilleur parti du sol.

On a donné le nom de *race du Larzac* à une variété de la grande *race des Pyrénées* (*Ovis aries iberica*) (4) de la classification de Sanson qui est élevée sur le *Causse du Larzac*, le *Causse noir* et les vallées voisines.

Vers les premières années du xix⁰ siècle, la *brebis du Larzac* ne différait pas sensiblement des races communes; cependant elle était déjà recommandable par la petitesse de sa tête, de sa taille (0 m. 50 à 0 m. 60), de son ossature, par la forme régulière de son corps, par la largeur de ses reins, de sa croupe, par l'ampleur de ses mamelles et par son aptitude laitière. Abondamment nourrie l'été, mais soumise l'hiver à de rigoureuses privations, avant l'introduction des prairies artificielles qui date d'une centaine d'années, cette race ne pouvait manquer, d'autre part, de se faire remarquer par sa grande rusticité.

« Dès qu'on pût mieux nourrir, on vit augmenter considérablement la sécrétion du lait ; dès lors les fermiers apportèrent plus de soins à conserver

(1) Cette localité, de même que Sainte-Eulalie du Larzac et La Couvertoirade, a conservé des vestiges de fortifications ; celles-ci furent établies par les Templiers dès 1158.

(2) Parmi les plantes qui se développent dans le *causse* on remarque des coronilles, des lotiers, des vesces, des anthyllides, divers trèfles, du thym, du serpolet, de la lavande qui donnent à la chair des moutons nourris dans ces contrées une saveur des plus délicates.

(3) Encore utilise-t-on de préférence, pour les transports ou les labours, des chevaux ou des mulets ; depuis le développement des cultures fourragères, les *caussenards* du Larzac se livrent même avec fruit à l'élevage de ces animaux : ils vont acheter, en automne, aux foires de Rodez et de Gabriac, des poulains (chevaux ou mulets) de 6 mois, âge du sevrage, à des prix variant entre 300 et 500 francs. Au printemps suivant, on commence à les dresser ; puis, un peu plus tard, on les soumet à des travaux légers ; dès qu'ils ont 4 ou 5 ans et qu'ils sont en pleine vigueur, on les vend dans le Languedoc et dans la vallée du Rhône où ils atteignent de hauts prix.

(4) Disons cependant, d'après M. Léouzon (*La race ovine du Larzac*), que, pour certains auteurs, la *race du Larzac* provient d'une ancienne importation de bêtes *flamandes* et que, pour d'autres, elle se rattache à la race laitière de la *Lombardie* et du *Piémont*.

pour la reproduction les agneaux issus des meilleures brebis. En même temps que le lait augmentait, la toison augmenta aussi de poids et de finesse, à mesure que les animaux furent mieux nourris; mais on se préoccupa peu des formes du corps qui restèrent défectueuses (1). »

Les caractères de cette variété subirent quelques modifications au commencement du siècle, par suite de l'introduction, par l'Administration, de béliers du Languedoc (2).

Béliers du Larzac au Concours de La Cavalerie (Photographie de M. E. Marre).

Un peu plus tard, en 1810, un enfant du pays, le général Solignac, ramena de Ségovie, en rentrant dans ses foyers, à la suite des guerres de l'Empire contre l'Espagne, un grand troupeau de *mérinos* provenant de razzias (1 000 têtes, d'après ce que raconte la tradition) et en céda quelques individus à ses voisins. Quant à lui, il essaya d'en faire l'élevage sur son domaine de la Baume, commune de La Cavalerie.

L'expérience fut désastreuse : les nouveaux venus furent rapidement décimés par la cachexie et diverses autres maladies ; ils ne purent résister au froid,

(1) JULES BONHOMME. *La bergerie.*
(2) CADILHAC. *La race ovine du Larzac.*

à l'humidité, aux brusques variations de température et à une alimentation insuffisante. Les résultats ne furent guère meilleurs pour les voisins qui, encouragés par le haut prix de la laine, se livrèrent à des croisements des *brebis du Larzac* par les béliers *mérinos* dans le but très louable d'améliorer le lainage de la race du pays : tout d'abord les produits offrirent de bons résultats, à l'égard du tassé et de la finesse de la laine, tandis que la qualité essentielle, la *qualité de bonne laitière*, disparaissait sensiblement ; mais ces premiers métis, comme les purs-sang, furent bientôt décimés à leur tour par la cachexie et la péripneumonie.

Instruits par l'expérience, les éleveurs de la contrée ne tardèrent pas à abandonner les croisements avec des races mal acclimatées, et, dans l'espace de quelques années, la race indigène reconquit à peu près tous ses anciens caractères, sauf celui de la laine qui resta plus abondante et plus fine que par le passé.

Depuis cette tentative de croisement, les éleveurs n'ont pas renoncé complètement à des introductions de sang étranger : si certains d'entre eux se sont efforcés de maintenir la pureté de la race et d'améliorer leurs animaux par la sélection et une alimentation toujours meilleure, il faut bien dire que certains autres ont pratiqué depuis près d'un siècle — les *Bulletins de la Société centrale d'Agriculture de l'Aveyron* en font foi — et pratiquent, de nos jours encore, des croisements plus ou moins heureux, principalement avec des *barbarins*, des *races anglaises*, ou des *races métisses* ayant du sang anglais comme le *lacaune*.

« On retrouve chez la *brebis du Larzac*, écrivait Bonhomme en 1864, les traits observés sur plusieurs races de vaches réputées bonnes laitières : une poitrine étroite et sans profondeur, un flanc large, un gros ventre, des épaules et des cuisses minces et, en même temps, le pis très développé, la peau souple et fine. Les mêmes causes produisent les mêmes effets chez l'une et l'autre espèce. L'agneau, comme le veau, dans les races laitières, est sevré trop tôt et mal alimenté dans sa première jeunesse ; sa charpente se fait mal. La brebis comme la vache laitière est nourrie à outrance ; sa panse et son ventre s'élargissent et, comme elle doit rendre en lait presque l'équivalent de ce qu'elle consomme, il reste trop peu pour que les autres parties du corps se développent en proportion » (1).

En instituant à La Cavalerie ou à L'Hospitalet un *Concours spécial de la race du Larzac*, l'Administration de l'Agriculture a voulu encourager la sélection et conserver le plus possible à l'abri de toute altération les caractères de pureté et, consécutivement, les bonnes qualités de rusticité et d'aptitude laitière qui caractérisent cette race.

Le concours de l'Etat date de 1893 ; néanmoins, avant cette date, la localité de

---

(1) JULES BONHOMME. *La bergerie.*

La Cavalerie, qui se trouve placée au centre de la région d'élevage, possédait déjà son concours de race organisé par les soins de l'Administration préfectorale et subventionné par l'Etat, le Département et les comices agricoles de la région.

Le premier *Concours de La Cavalerie* date de 1855 : il fut créé par le Ministre de l'Agriculture, du Commerce et des Travaux publics, à la suite d'une demande de la *Société centrale d'Agriculture de l'Aveyron* formulée en 1853 et renouvelée en 1854. On trouve dans le dossier de ce concours déposé aux *Archives*

Vabres-de-Saint-Affrique.

de la Préfecture de Rodez, des lettres du Président du *Comice de Saint-Affrique* demandant que le concours fut tenu à Saint-Rome-de-Cernon, point de jonction entre le *Larzac* et les *Causses de Saint-Affrique*. Sa voix ne fut pas entendue ; La Cavalerie l'emporta et, sauf pendant deux ans au cours de ces dernières années, resta toujours le siège du *Concours de la race du Larzac*.

Une nouvelle tentative de déplacement du concours, une année sur deux, au profit de l'arrondissement de Saint-Affrique, fut faite vers 1873 ; mais, à la suite d'un rapport de M. Julia (1) envoyé en mission dans les régions intéressées,

____

(1) HENRI JULIA. *Rapport sur l'état des troupeaux dans les arrondissements de Saint-Affrique et de Millau et sur le siège du concours des bêtes ovines du Larzac.*

par la *Société centrale d'Agriculture de l'Aveyron*, le maintien du *statu quo* fut décidé ; on observa simplement que, s'il paraissait utile d'encourager l'élevage dans la zone de Saint-Affrique, le plus simple était, sans rien changer au concours de La Cavalerie, d'instituer à Vabres, point central pour les troupeaux de l'arrondissement de Saint-Affrique, un autre concours spécial de bêtes à laine. En 1886, la question du déplacement fut encore une fois agitée au *Conseil général* et à la *Société centrale d'Agriculture de l'Aveyron* (1), mais, encore une fois, il n'y eût rien de changé.

Depuis 1855 jusqu'à 1893, un membre de la *Société centrale d'Agriculture de l'Aveyron*, délégué par elle au *Concours de La Cavalerie*, d'abord comme président, plus tard comme vice-président (2), fut chargé de faire un rapport sur l'importance de l'exhibition et sur les progrès réalisés. A partir de 1893, ce rapport fut demandé au professeur départemental d'Agriculture de l'Aveyron qui a successivement rempli les fonctions de commissaire et de commissaire général du concours. Nous avons trouvé, dans ceux de ces documents qui existent aux *Archives départementales* ou dans les *Bulletins* de la *Société centrale d'Agriculture de l'Aveyron* de précieux renseignements sur l'histoire de la race depuis 50 ans et nous devons un souvenir reconnaissant à la mémoire des rapporteurs : de Cassan-Floyrac, Lefèvre, de Monseignat, d'Hauterives, Vialla, Laur, de Roquetaillade, Julia, Vicomte de Bonald, G. de Bonald, H. Arnal, d'Albis de Gissac, d'André et M. de Tavernost.

Comme aujourd'hui, ce concours ne durait qu'un seul jour et la date était toujours choisie à la fin du mois de septembre parce que, à ce moment, la traite étant finie, les animaux pouvaient, sans inconvénient, se déplacer pour y prendre part.

Avec la nouvelle organisation, un certain nombre d'innovations ont été introduites dans le programme : tout d'abord les caractères de la race pure, déterminés d'après de vieux documents par une commission compétente et révisés par M. de Lapparent, inspecteur général de l'agriculture, plus tard par M. Tallavignes, inspecteur de l'agriculture, ont été inscrits dans le programme, et les membres du jury ont été invités à en tenir le plus grand compte dans leurs appréciations.

Cette mesure était indispensable : il nous a été donné, en effet, de constater, dans les premières années, que tous les membres du jury n'accordaient pas aux divers caractères de la race la même importance et se faisaient des idées très diverses du type que l'on devait s'efforcer de produire et d'encourager.

Nous avons assisté, à ce sujet, à des contestations du plus fâcheux effet qui ont été évitées depuis que tous les intéressés, éleveurs et membres du

---

(1) Séance du 30 juin 1886.
(2) A partir de 1867 les fonctions de président sont remplies par le Préfet de l'Aveyron ou son délégué.

jury, peuvent avoir constamment sous les yeux les termes de la description.
Nous donnons ci-après ces caractères :

Absence totale de cornes ;
Absence totale de taches ;
Tête fine, courte, légèrement busquée, couverte de laine jusque sur le front, et les joues ;
Oreille large, horizontale ou légèrement abaissée au-dessous de l'horizontale ;

Concours du Larzac : Le départ. (Photographie de M. E. Marre).

Œil grand, saillant, à expression douce ;
Cou robuste, gros et court, avec léger fanon ;
Jambes courtes et fortes ; cuissot rond ;
Traces de mamelles bien développées dans la région scrotale chez les mâles, chez la brebis, bassin très ample, à pis très développé ; mamelles grosses et fermes, mamelons en nombre variable, jusqu'à six dont deux au moins bien conformés ;
Laine fine, courte, épaisse, en mèches régulières, couvrant toutes les parties du corps, même le dessous du ventre, la partie antérieure du cou et descendant jusqu'aux jarrets.

Selon qu'ils vivent sur les parties les plus élevées du plateau, sur les parties les moins élevées ou dans les vallons, les animaux de la *race du Larzac* acquièrent une précocité et un développement bien différents. On conçoit que les brebis des vallons qui entourent le *Larzac*, vivant dans un climat incomparablement plus doux, nourries avec des fourrages plus précoces, plus substantiels et plus abondants, soient plus développées que celles du plateau proprement dit, quoiqu'elles soient de même race (1).

Pour ces motifs, il n'était pas possible de comparer et surtout de classer des troupeaux de provenance si différente. Aussi les femelles concourent, suivant les localités dont elles proviennent, dans trois divisions correspondant à des régions dont les délimitations ont été établies par l'usage :

1º *Hauts plateaux* ; 2º *Plateaux intermédiaires* ou *inférieurs* ; 3º *Vallons* (2).

La dotation du *Concours de la race du Larzac* s'est progressivement élevée depuis la création (1855). Nous indiquons ci-dessous cette progression pour la part contributive de l'Etat et du Département de l'Aveyron.

	ETAT	DÉPARTEMENT de l'Aveyron
1855...........................	1 000 fr.	400 fr.
1878...........................	1 000 —	800 —
1881...........................	1 400 —	800 —
1882...........................	1 500 —	800 —
1893 (concours spécial)...........	3 000 —	800 —
1894........id...................	3 500 —	800 —
1896........id...................	4 000 —	800 —

A ces ressources sont venues s'ajouter, tous les ans, des sommes variant de 400 à 800 fr. données par le *Comice de La Cavalerie* et, au début seulement, par les *Comices de Saint-Affrique* et de *Saint-Georges*. En outre, des médailles ont été offertes, pendant longtemps, par le Ministre de l'Agriculture. Enfin, le Département de l'Hérault a donné 150 fr. en 1903 et 300 fr. en 1904.

La subvention de l'Etat a été augmentée encore dans la suite : en effet, à la suite du concours de 1904, auquel il a assisté en qualité de président, M. Tallavignes, inspecteur de l'Agriculture de la 5ᵉ région, a été tellement frappé de l'importance de cette exhibition, qu'il a promis aux éleveurs d'user de toute son influence pour faire élever la contribution de l'Etat. Il a tenu

---

(1) D'ailleurs, c'est surtout dans les vallons que les caractères ont été modifiés par les croisements dont nous parlions plus haut effectués, depuis quelques années, avec la *race de Lacaune*. Ces croisements, au dire de certains éleveurs, donnent des animaux plus précoces et plus développés. Nous reviendrons plus loin sur la *race de Lacaune*. Disons seulement qu'elle a une tendance à pénétrer sur les hauteurs du plateau lui-même et que cet envahissement a des partisans et des adversaires également convaincus.

(2) Cette division des animaux en catégories fut établie en 1862, sur la proposition de M. de Bonald. A l'origine, dès 1856, on avait créé 4 catégories : 1ª *Race pure du Larzac*, 2ª *Race pure des Vallons*, 3ª *Race du Larzac métissée*, 4ª *Race du Larzac, dite de Longue-Rouvière*. Les *plateaux intermédiaires* ou *inférieurs* englobent aujourd'hui la zone du Larzac, désignée sous ce nom de *Longue-Rouvière*.

parole puisque la dotation du concours de 1905 a été portée de 4 000 à 5 500 fr. (1).

Un programme qui, à plusieurs reprises, a subi, sur nos instances, quelques modifications de détail suggérées par l'expérience et destinées à obtenir un fonctionnement plus parfait, règle les conditions du concours et le classement des animaux.

Les *Concours de la race du Larzac* auxquels les concurrents sont tenus d'amener le cinquième au moins de leur troupeau, réunissent, en général, un grand nombre de têtes, la moitié ou les trois quarts des effectifs. On ne juge donc pas seulement quelques sujets de concours, animaux choisis et exceptionnels, mais bien la moyenne des troupeaux. Les *Concours de La Cavalerie* sont, d'après M. Marchand (2), les plus importants des concours spéciaux. Dans ces exhibitions, la qualité des femelles, bien nourries à cause de la production laitière, est supérieure à celle des mâles et à celle des jeunes, à la sélection et à l'alimentation desquels les éleveurs n'accordent pas toujours assez de soins.

Nous donnons quelques indications statistiques sur le *Concours de la race du Larzac*, depuis 1893, date de la création des concours spéciaux de race :

ANNEES	SIÉGE DU CONCOURS	NOMBRE d'exposants	NOMBRE d'animaux présentés	NOMBRE d'animaux composant le troupeau
—	—	—	—	—
1893............	La Cavalerie	117	6 635	12 198
1894............	id.	104	7 484	11 668
1895............	id.	100	7 288	11 973
1896............	id.	128	8 817	14 272
1897............	id.	124	6 587	12 117
1898............	id.	129	8 342	12 779
1899............	id.	127	8 722	14 189
1901............	id.	81	4 733	7 174 [3]
1902............	L'Hospitalet	107	7 706	14 020
1903............	id.	88	7 068	10 734
1904............	La Cavalerie	142	9 383	14 796 [4]

(1) Ce n'est pas la première fois que la visite d'un inspecteur de l'Agriculture au *Concours de La Cavalerie* a été suivie d'une augmentation de crédit : la subvention de l'Etat, primitivement de 1 000 fr., fut élevée à 1 400 fr. en 1881 et à 1 500 fr. en 1885 grâce à l'intervention de M. Heuzé, inspecteur général de l'Agriculture, qui avait présidé le concours de 1880. Antérieurement à cette date, la *Société centrale d'Agriculture de l'Aveyron* avait plusieurs fois demandé à l'Administration de déléguer au concours un de ses inspecteurs généraux ; son vœu fut entendu en 1873 seulement, date à laquelle M. Malo assista au *Concours de la race du Larzac.*

Plus tard, vers 1899-90, M. de Lapparent honora, à deux reprises, le *Concours de La Cavalerie* de sa présence et, chaque fois, il inspira aux organisateurs des améliorations qui furent des plus profitables au perfectionnement de la race.

(2) Henry Marchand. *Les concours agricoles.*

(3) En 1900, il n'y eût pas de concours à cause de l'Exposition universelle.

(4) Avant 1893, il y a eu des concours très importants ; le nombre des animaux a été, au minimum, de 1 500 en 1855, l'année de la création du concours ; il s'est élevé rapidement à 2 500 en 1856 et à 3 823

Avec un tel nombre d'animaux, l'organisation matérielle est difficile et laisse toujours un peu à désirer. On aménage bien, il est vrai, pour enfermer les animaux, un certain nombre de claies dont le dépôt est confié au *Comice de La Cavalerie* ; mais ce matériel est loin d'être suffisant ; aussi on se trouve dans l'obligation de confondre, presque toujours, dans le même lot, des brebis, des antenaises et des agnelles ; il en résulte des difficultés sérieuses pour l'appréciation de chacune des catégories. Cet état de choses est fort heureusement à la veille de cesser : sur l'augmentation de crédit obtenue par M. Tallavignes, on prélèvera, en effet, peu à peu, ce qui sera nécessaire pour compléter le matériel et faire à la *race du Larzac* un cadre digne d'elle.

On peut évaluer, de la manière suivante, le poids moyen des animaux de la *race du Larzac* :

	POIDS VIF	POIDS NET à la boucherie
Brebis maigre, non laitière..	35 kil.	16 kil.
— grasse	50 à 60 —	28 à 35 —
Mouton non engraissé	40 —	22 —
— gras	60 à 70 —	32 à 38 —

en 1857. Après cette date, il a varié entre 4000 et 5000, en 1858, -86, -91 ; de 6000 à 7000, en 1863, -66, -73, -79, -81, -87, -88, -90 ; de 7000 à 8000. en 1859, -60, -68, -69, -75, -80, -84, -85, -89, -93 ; de 8000 à 9000, en 1845, -65 ; de 9000 à 10000. en 1862, -76 ; de 10000 à 11000, en 1874, -78 ; de 11000 à 12000, en 1877 ; enfin, il a été de 12297 en 1867 ; c'est là un maximum qui n'a jamais été atteint depuis.

De ce que le nombre des animaux exposés dans les dernières années est moins considérable qu'antérieurement, il ne faut pas conclure que les éleveurs se désintéressent du concours, mais plutôt que n'étant tenus, par les programmes actuels, à présenter que le cinquième de leurs effectifs, — autrefois il fallait amener tout le troupeau — un certain nombre parmi eux usent de cette faculté.

Le nombre des exposants permet de se faire une idée plus exacte de l'importance croissante du concours : il a varié de 50 à 60 en 1884 ; de 60 à 70 en 1886 ; de 70 à 80 en 1858, -60, -66 ; de 80 à 90 en 1859, -63, -80, -85, 1901, -03 ; de 90 à 100 en 1881, -87, -91 ; de 100 à 110 en 1864, -65, -78, -88, -89, -90, -94, -95, 1902 ; de 110 à 120 en 1892, -93 ; de 120 à 130 en 1877, -96, -98, -99 ; enfin, il a atteint le maximum, 142, en 1904.

S'il y a, dans ces nombres, des différences sensibles et paraissant inexplicables d'une année à l'autre, il faut attribuer ces oscillations à des raisons particulières, (maladies des troupeaux, état du ciel, etc.). Le mauvais temps arrête toujours une partie notable des exposants éloignés qui hésitent avec raison à exposer leurs animaux à des refroidissements.

La pluie est d'ailleurs très gênante pour les opérations du classement : les membres du jury, s'ils viennent en nombre suffisant, ce qui n'arrive pas toujours, gênés pour prendre des notes sous des parapluies, ayant hâte d'en finir, ne peuvent pas accorder les mêmes soins qu'avec le beau temps à l'examen des animaux. L'aspect de ceux-ci est, en outre, peu avantageux avec la pluie : fatigués par une longue route ils perdent tout leur lustre et tout leur coup d'œil ; la toison, au lieu de former une surface unie, se sépare en longues mèches recourbées qui laissent voir la peau ; la colonne vertébrale se voûte et l'animal présente les caractères d'une bête malade.

La pluie dérange malheureusement trop souvent le *Concours de la race du Larzac* : on peut dire sans exagération que, une fois sur deux, ou peu s'en faut, le temps est défavorable ou même franchement mauvais. A plusieurs reprises, notamment en 1858, 1860, 1866, 1888. on a dû ajourner le concours à cause de la pluie ou faire opérer le jury dans des remises. En 1874, on a même dû l'ajourner deux fois, du 23 septembre au 1ᵉʳ octobre d'abord, au 5 novembre ensuite. Cette situation fâcheuse est-elle due à la coïncidence fréquente du concours avec l'équinoxe d'automne (23 septembre) ? Nous ne saurions l'affirmer. Ce qu'il y a de certain, c'est qu'il ne paraît guère possible d'avancer la date de l'exhibition. parce que la traite dure jusqu'au 20 septembre, sur certains points du Larzac, et qu'il serait imprudent, soit à cause du raccourcissement des jours, soit à cause des chances plus grandes de mauvais temps, de la retarder davantage.

LES AUTRES CAUSSES DE LA RÉGION ET LA RACE DES CAUSSES. —
A côté du *Larzac*, on trouve plusieurs autres *causses* tels que : le *Causse noir*,
le *Causse de Caussanus*, le *Causse de Roquefort*, qui sont séparés du premier
par les vallées de la *Dourbie*, du *Cernon* et du *Tarn*, et peuvent être considérés comme son prolongement ; puis, plus loin, le *Causse Méjean*, le *Causse de
Sauveterre*, les *Causses de Sévérac* et *de Laissac*, les *Causses Comtal, de Concou-
rès, de Sainte-Radegonde* et *de Roussennac*, presque tous dans l'Aveyron et la

Sévérac-le-Château

Lozère (1), sans parler des surfaces calcaires touchant à l'Aveyron qui s'éten-
dent sur les départements du Gard, de l'Hérault et du Tarn.

(1) C'est dans les dépressions des *Causses de l'Aveyron et de la Lozère* que l'on rencontre les sites
si extraordinairement pittoresques, hier encore presque inconnus du grand public, de plus en plus visités
aujourd'hui par les touristes de tous les pays, à la suite des explorations et des descriptions enthousiastes
de M. Martel et de quelques autres hardis pionniers, à la suite aussi de la publicité de bon aloi faite
par le *Club-Alpin-Français*, le *Touring-Club de France*, les *Syndicats d'initiative* de la région, le *Club-cévenol*
et les Compagnies de chemin de fer.

Nous sortirions de notre cadre si nous insistions sur la beauté de ces étranges et féeriques paysa-
ges ; il nous sera bien permis cependant de citer, au courant de la plume : les gigantesques escarpements
qui limitent la plupart des grands causses et forment, en particulier, entre le *Causse Méjean* et celui de
Sauveterre, les célèbres *Gorges du Tarn*, véritable entassement de magnifiques perspectives, les superbes
vallées de la *Jonte* et de la *Dourbie*, les sources puissantes échappées du pied d'immenses falaises, les

Toutes ces régions, dont la superficie totale est plus grande encore que celle du *Larzac* et dont la nature géologique est comparable à celle que nous avons décrite, fournissent un appoint considérable dans la production du *roquefort*. La fertilité est tantôt supérieure, tantôt inférieure à celle du *Larzac* (1) ; on peut considérer que celui-ci représente la moyenne à ce point de vue et aussi au point de vue de l'altitude.

Puisque nous parlons de la fertilité, disons tout de suite qu'on fait d'ordinaire peu de chose pour l'augmenter ou même simplement pour l'entretenir dans les différents *causses* qui approvisionnent Roquefort en lait ; on fait fantastiques amas de *roches chaotiques* qui, à l'exemple de *Montpellier-le-Vieux*, donnent l'illusion de colossales cités en ruine, l'étrange *Pas de l'Escalette*, les vastes et étincelantes *Grottes de Dargilan*, les splendides *cascades souterraines de Bramabiau*, les mystérieux *avens* ou *tindouls* que l'on rencontre à chaque pas sur les causses.

Nous mentionnons d'autant plus volontiers ces curiosités, que la visite de Roquefort, venant à la suite de cette pittoresque région, s'impose à tous les touristes désireux de s'instruire qui, ne limitant pas leur admiration aux seules beautés naturelles d'un pays, sont heureux de trouver sur leur passage des industries intéressantes et de les examiner d'un œil curieux.

Gorges du Tarn : Saint-Hilaire.

(1) Parmi les *causses* meilleurs que celui du *Larzac* nous signalerons ceux des environs de *Laissac* et de *Sévérac* dans l'Aveyron, du *Massegros* dans la Lozère, qui se distinguent par une altitude moindre et une plus grande proportion de zones marneuses. Parmi les *causses* plus arides et plus désolés, il convient surtout de citer le *Causse noir* et le *Causse Méjean* qui sont de véritables déserts.

même, trop souvent, tout ce qu'il faut pour ruiner la richesse du sol : les propriétaires ou les fermiers dont les exploitations sont à moins de 15 ou 20 kilomètres d'une station de chemin de fer ou des vignobles du Bas-Languedoc, commettent, en effet, la lourde faute, contre laquelle nous ne saurions trop nous élever, de vendre, pour se procurer des revenus immédiats, une partie de leurs fumiers de brebis. Plus on avance vers le pays du vin, plus active est l'exportation.

Ces fumiers, que l'on désigne sous les noms de *croûte de bergerie* ou de *motte* (1), produits pendant l'été ou en automne et mélangés d'un peu de litière, sont vendus sous forme de plaques consistantes, depuis le mois de novembre jusqu'au mois de mars. On les paie de 3 à 4 fr. les 100 kil. remis sur wagon, lorsque le vin se vend bien dans le Midi (2). Seules les

Montpellier-le-Vieux : Le Sphinx.

(1) On produit aussi, dans les fermes du *Causse*, lorsque, par suite d'une alimentation et d'une saison sèche, les excréments solides des ovins ont une consistance suffisante, une autre sorte de fumier appelé *amigou* ou *migou* constitué par le crottin, sans mélange de paille, que l'on balaie tous les jours dans un coin de la bergerie. Contrairement à ce que l'on pourrait supposer, cet engrais, à cause des pertes considérables que la fermentation lui fait subir, n'est généralement pas aussi riche que la *motte*. Il n'en est pas moins plus recherché par les propriétaires des vignobles escarpés de Marcillac et' autres vallons, sous prétexte qu'il est moins lourd et plus facile à distribuer dans les vignes.

(2) La valeur du fumier vendu s'élève parfois à 10 francs par brebis et par an.

années de crise vinicole entraînant l'avilissement des prix, sont capables d'enrayer cette regrettable spéculation. Si les agriculteurs employaient à des achats d'engrais minéraux les plus utiles à leur sol ou à des acquisitions d'aliments concentrés pour le bétail la totalité des ressources qu'ils se procurent par la vente des fumiers, leur opération pourrait à la rigueur se justifier, à la condition que leur compte fut bien fait et qu'ils eussent quelque chose à y gagner. Mais ce ne sont généralement pas des engrais ni des matières alimentaires pour le bétail que les fermiers rapportent en échange du fumier disparu ; il n'y a guère qu'une denrée contre laquelle ils consentent volontiers à troquer leur marchandise, c'est le vin.

On ne peut que leur crier : casse-cou ; en opérant comme ils le font, ils sont en train de tuer la poule aux œufs d'or : les récoltes, qui ne sont déjà pas très brillantes, péricliteront de plus en plus, seront tous les jours plus exposées à la sécheresse ; les plantes fourragères dureront de moins en moins et le développement de l'industrie laitière qui fait en ce moment la fortune du pays finira par s'arrêter.

On estime à 700 ou 800 kilos par tête et par an le fumier moyennement pailleux produit par des moutons à l'engrais principalement nourris à la bergerie ; mais les brebis laitières étant entretenues au paturage, aussi souvent que le permettent les ressources fourragères et les conditions climatériques, la production du fumier est d'autant plus faible qu'elles sortent plus souvent et qu'elles sont moins copieusement nourries.

Les animaux que l'on élève sur ces *causses* appartiennent tantôt à la *race du Larzac* plus ou moins pure, dans les environs immédiats du centre d'élevage de cette race, tantôt, sur les plateaux les plus éloignés, à une variété différente, quoique dérivée elle aussi de la grande *race des Pyrénées* désignée sous le nom de *race des Causses de l'Aveyron*.

Plus élevée sur jambes et plus allongée que la *race du Larzac*, la *race des Causses de l'Aveyron* avait, autrefois, une conformation moins belle : les côtes étaient plates ; la tête était forte, busquée, dépourvue de laine, avec des taches noires ; la laine était grossière, la poitrine étroite, le gigot peu fourni, l'ossature fortement développée ; cette race, quoique vorace, était peu apte à l'engraissement.

Ces caractères se sont améliorés, dans une certaine mesure, chez beaucoup de propriétaires. Grâce à la sélection, à quelques croisements heureux avec diverses races (1), notamment avec des races anglaises, et surtout à une alimen-

---

(1) L'introduction de sang anglais dans les troupeaux des environs de Rodez ne date pas d'aujourd'hui : dans un article publié dans le *Journal d'Agriculture pratique* du 15 décembre 1861, où il rend compte de la prime d'honneur de l'Aveyron, Jules Duval dit de Rodat d'Olemps qu'il « a introduit des béliers *New-Kent* qui ont augmenté la qualité et la quantité de la laine en même temps que le poids, à tel point que le troupeau d'Olemps possède des béliers qui pèsent 100 kil. non engraissés. »

Dans son livre « *La bergerie* », Jules Bonhomme donne, en 1864, quelques détails complémentaires sur ce

tation meilleure, on a obtenu, dans beaucoup de troupeaux, une conformation meilleure, plus d'ampleur dans la poitrine et plus de développement dans le gigot. L'aptitude laitière, sans égaler peut-être celle de la race du Larzac, est satisfaisante.

Cette race, n'a pas de *concours spécial* important comme celui de la *race*

Un wagon de fumier de brebis (Photographie de M. E. Marre).

du Larzac ; mais un *concours départemental*, organisé chaque année à Rodez par la *Société centrale d'Agriculture de l'Aveyron* avec une subvention de 800 francs accordée par le département, a pour but son amélioration. Ce concours

croisement : « Le but d'Amans Rodat en formant la *race d'Olemps*, fut moins de créer un type nouveau que de conserver à la race indigène des environs de Rodez ses excellentes qualités, tout en améliorant ses formes et sa toison. Il se servit du bélier *New-Kent* et employa comme brebis ce qu'il y avait de meilleur dans la race locale. La ferme d'Olemps est située sur un sol granitique et gréseux. Le troupeau était formé de brebis dites *du Ségala*, mais supérieures à celles de cette contrée, car, outre qu'il était depuis longtemps tenu avec le plus grand soin, Rodat envoyait ses antenaises passer leur première année sur un autre domaine composé de terres argilo-calcaires appartenant à la formation du *lias* et produisant un excellent herbage. Les jeunes bêtes y prenaient beaucoup de développement. Le *New-Kent* a donné à la *race d'Olemps* plus de symétrie, plus d'ampleur et l'a rendue propre à un engraissement plus précoce. Le

qui réunissait habituellement de 1 000 à 1 200 têtes et qui, depuis quelques années, est réservé aux mâles seulement est commun à la *race des Causses* et à la *race du Ségala* dont il va être question.

D'autre part, tous les comices de la région des *causses* de l'Aveyron et des départements voisins affectent, presque exclusivement, leurs subventions et leurs ressources de toute sorte à l'organisation de petits concours d'ovins. Aux séances du 12 avril 1904, du 3 mai et du 22 août 1905, le *Conseil général de l'Aveyron* a demandé la transformation en *concours spéciaux de races*, des petits concours, existant déjà pour les *races ovines des Causses de Rodez, Sévérac, Laissac* et pour *la race ovine de Camarès*.

LE SÉGALA, LE LEVEZOU ET LA RACE DU SÉGALA. — Depuis une vingtaine d'années, une partie du *Ségala de l'Aveyron* s'est mise à fabriquer elle aussi du *roquefort*. Le *Ségala* est un vaste plateau ondulé et verdoyant constitué par des terrains éruptifs (granits, etc.) ou primitifs (schistes, gneiss, etc.) qui s'étend au sud de Rodez jusque dans le département du Tarn.

L'agriculture de cette région, comparée à celle des *Causses*, était autrefois la plus pauvre et la moins rémunératrice ; les récoltes que l'on y obtenait étaient moins abondantes et de moins bonne qualité ; les végétaux, les animaux et les hommes eux-mêmes étaient moins développés.

Il a été fait, depuis un demi-siècle, de grandes améliorations (1) partout où les terres ne sont pas trop légères : la chaux et, plus récemment, les engrais phosphatés, employés sur une grande échelle, ont permis de substituer le fro-

---

poids des brebis *d'Olemps* maigres est, après la tonte, de 56 kil. ; celui des béliers, dans les mêmes conditions, de 70 à 75 kil. Le poids de deux agneaux très fortement nourris qui furent pesés à dix mois était, pour l'un, de 46, pour l'autre, de 43 kil. La toison des brebis pèse 2 kil., celle des béliers 3 kil. 50 ; leur laine est belle, propre au peigne plutôt qu'à la carde. La *race d'Olemps* convient surtout aux contrées où, comme dans l'Aveyron, les fermes ont de vastes étendues de pâturages naturels et où la culture, en voie de progrès, permet de bien nourrir les troupeaux... Vingt-cinq ans d'épreuves répondent de sa fixité ». Cette race métisse a été essayée dans toutes les parties du département et jusque sur le Larzac par M. Randon du Landre, ainsi que cela résulte du dépouillement du *Bulletin* de la *Société d'Agriculture.*

Plus anciennement, nous apprennent les *Procès-verbaux* de la *Société libre d'Agriculture de l'Aveiron* (de l'an VI à l'an X) et *l'Annuaire des cultivateurs du département de l'Aveiron* (an XI à 1806), des essais d'introduction de races étrangères ont été tentés : en 1781, l'Administration du Rouergue fit faire une importation de bêtes à laine de races *flamande* et *roussillonnaise* que « le défaut de soins, les maladies et les préventions laissèrent éteindre sans laisser de traces. » Disons toutefois que la race *flamande* aurait, d'après Rodat (*Le Cultivateur aveyronnais*), imprimé quelques-uns de ses caractères, la taille en particulier, aux troupeaux des *Causses*. En l'an IX (1800-1801) la *Société d'Agriculture*, disent les mêmes documents, fit venir 3 béliers et 27 brebis *mérinos* qui lui servirent à constituer un troupeau de race pure et un troupeau de croisement, soit pour faire connaître et répandre cette race dans le département, soit pour se créer un revenu. On peut suivre la trace de ces troupeaux jusqu'en 1806. Mais ils disparurent à leur tour vers 1806, à la suite d'une saison pluvieuse qui entraîna la cachexie.

(1) L'étude agrologique des sols de cette région et des autres sols du département, basée sur des analyses très documentées, a été entreprise par M. Lagatu, professeur de Chimie à l'Ecole nationale d'agriculture de Montpellier, avec la collaboration, pour la partie géologique et minéralogique, de M. A. Delage, professeur à la Faculté des sciences de Montpellier. La consultation des rapports de ces savants professeurs que nous nous efforcerons de faire publier, constituera pour les praticiens un guide précieux rempli d'aperçus nouveaux et sera, nous n'en doutons pas, pour l'agriculture aveyronnaise, le point de départ d'importants progrès.

ment au seigle — c'est de ce mot qu'est tiré le terme de *Ségala* —, de cultiver les légumineuses fourragères et d'entretenir un plus nombreux bétail. Des défoncements et de nombreux drainages ont été exécutés. Les façons culturales se sont progressivement améliorées par l'emploi de machines agricoles tous les jours plus perfectionnées. Grâce à ces transformations, quelques parties du *Ségala* ont pris rang parmi les meilleures régions agricoles du département de l'Aveyron et donnent l'exemple du progrès.

Béliers du Ségala-Causse.

Nous comprenons dans cette région les *montagnes du Levezou et des Palanges* qui ont la même origine géologique que le *Ségala* et s'en distinguent simplement par une altitude plus élevée et un climat plus rude.

La brebis exploitée dans le *Ségala* et sur le *Levezou* appartient à la *race du Ségala*. C'est une variété voisine de la *race des Causses*, mais elle est moins grande et moins forte ; sa laine est plus courte et plus fine ; son museau et ses oreilles sont moins développés ; sa conformation est meilleure, surtout depuis que les améliorations foncières dont nous venons de parler lui ont donné plus de précocité.

Les animaux du *Ségala* et les animaux des *Causses* ne forment pas, en réalité, deux races distinctes ; il arrive d'ailleurs fréquemment que des agneaux nés dans les *Causses* sont achetés par des cultivateurs du *Ségala* et que des agneaux du *Ségala* sont achetés pour les *Causses* dans les foires de la région. Les uns et les autres subissent, en peu de temps, l'influence du milieu ; mais les variations produites sont de moins en moins accentuées à mesure que le *Ségala* se transforme sous l'influence d'une meilleure culture.

C'est dans le *Ségala*, qui élève à la fois des animaux de l'espèce bovine et de l'espèce ovine, que la proportion de lait de vache ajoutée au lait de brebis est la plus considérable.

Camarès.

LE CAMARÈS, LES MONTAGNES DE LACAUNE ET LA RACE DE LACAUNE. — Au sud de Roquefort et à une assez petite distance, vers Saint-Affrique, on trouve les premières assises d'un bassin *permien* connu sous le nom de *terrain rougier de Camarès* qui occupe dans l'Aveyron une superficie de près de 100 000 hectares (1).

La roche et la terre sont d'une même teinte rouge ardent ; il en est de même des eaux de rivière, après les crues ; les constructions elles aussi sont

(1) Une région voisine, le *Salagou*, qui s'étend jusqu'à Lodève, est constituée par la même formation géologique.

rouges, car elles sont bâties en pierres tirées du sous-sol ; les brebis elles-mêmes empruntent à la poussière rouge une couleur fauve caractéristique. Le vert sombre des cultures et des bois fait ressortir, dans une certaine mesure, la coloration rutilante de ce pays qui prend plus d'intensité par un coucher de soleil d'été.

La physionomie de cette région, profondément encaissée entre le Larzac, les montagnes du Levezou et de Lacaune, a bien changé depuis 30 ou 40 ans.

Andabre.

Le flanc arrondi des collines, constitué par des éléments peu cohérents (grès et marnes), facilement attaqués par les agents atmosphériques, présentait autrefois un aspect dénudé et inculte. Les vallées seules qui recevaient les produits de cette désagrégation lente et continuelle étaient d'une grande fertilité et contrastaient par le luxe de leur végétation avec les pentes dégarnies des coteaux.

Les défoncements qui font merveille, les irrigations, le chaulage, le plâtrage, l'extension considérable des cultures fourragères et notamment de la luzerne, qui réussit admirablement dans ce pays, l'entretien de troupeaux plus nombreux et mieux choisis destinés à la production du *roquefort* ont produit de véritables métamorphoses et fait entrer dans la culture une bonne partie des terres autrefois stériles (1).

Le bassin de *Camarès* est entouré, sur la moitié environ de son périmètre, par une ceinture de *terrains de transition* (Boisse) qui constitue l'extrême pointe méridionale du département de l'Aveyron et se prolonge, à l'est, dans le département de l'Hérault, au sud et à l'ouest, dans le département du Tarn. C'est la *chaîne de Lacaune*, vaste assemblage de pics aigus confusément groupés.

Le Cayla.

La physionomie de ce terrain montagneux est très caractéristique : il comprend des zones calcaires d'une étendue relativement peu importante alternant symétriquement, par séries parallèles, avec des zones schisteuses et se succédant à de courts intervalles ; les zones calcaires sont généralement en contrebas des zones schisteuses qui forment les crêtes et les pitons.

Malgré la déclivité considérable du sol et grâce à sa perméabilité remarquable, la ravine, qui est tant à redouter dans les défoncements des régions montagneuses, ne produit jamais, dans cette formation, de dégâts appréciables.

---

(1) Les sources d'eaux minérales sont très communes dans cette région ; citons parmi les plus connues celles de *Sylvanès*, d'*Andabre*, de *Prugnes* et du *Cayla*.

Les terrains de transition se prêtent bien à la culture fourragère ; aussi est-ce la luzerne qui occupe la place la plus importante : grâce aux défoncements soignés qui ont été faits depuis quelques années, elle réussit admirablement.

Comme dans le bassin de *Camarès*, le développement des prairies artificielles a pris de l'extension à mesure que l'on s'est mis dans ce pays à fabriquer du *roquefort*.

Dans ces deux formations (*permienne* et *de transition*), on exploite la *race de Lacaune*, dont le centre d'élevage se trouve dans le département du Tarn et dont l'aire d'extension a progressé depuis quelques années jusqu'à atteindre

Saint-Affrique.

le *Larzac* où elle est plus ou moins croisée avec sa voisine. Les agriculteurs de la plaine et des vallons, qui disposent de fourrages abondants et nourrissent bien, donnent la préférence à la *race de Lacaune*, quoiqu'elle soit moins rustique que celle du *Larzac*, parce qu'elle est plus développée et meilleure laitière. En renouvelant les mâles tous les deux ou trois ans les qualités de cette race se maintiennent assez bien sans dégénérer ; le développement est, d'ailleurs, plus ou moins grand suivant que l'on est en présence de troupeaux élevés sur des plateaux secs et maigres ou dans les vallons.

La *race de Lacaune* a la même origine que les autres ; mais elle a été améliorée, depuis un demi-siècle, par M. le comte de Naurois, propriétaire éleveur à Lacaune, qui l'a soumise à des croisements méthodiques avec des béliers *southdown* (1). Les animaux obtenus sont de forte taille (0 m. 60 à 0 m. 70), avec les formes de la race anglaise, sauf une ampleur moindre dans la poitrine, avec la tête, parfois de couleur brune, le plus souvent blanche marquée de taches brunes, ainsi que les membres ; ceux-ci, de même que la tête, la gorge et le ventre, ne portent pas de laine. La *race de Lacaune* est en outre estimée, en dehors de ses qualités laitières, pour son rendement élevé en viande nette et pour la bonne qualité de cette viande ; au point de vue de la laine elle est moins avantageuse que les autres races.

Les populations ovines de Saint-Affrique et de Camarès ont eu, à trois reprises, en 1894, en 1896 et en 1899, un concours spécial de race improprement désigné sous le nom de *Concours spécial des races ovines de Camarès, de Lacaune et du Ségala* dont le programme a été en grande partie calqué sur celui de la race du Larzac.

Un vœu du *Comice agricole de St-Affrique*, demandant que le concours fut annuel et prit à l'avenir la dénomination plus rationnelle de *Concours de la race ovine de Roquefort*, n'a pas été exaucé et c'est grand dommage car les populations ovines de cette région sont remarquables et très dignes de la sollicitude de l'Etat.

La *race de Lacaune* est accusée d'être plus particulièrement contaminée par une redoutable maladie, la *tremblante* ou *prurigo lombaire*, encore mal connue, et d'en colporter les germes dans les régions qui font des achats de ses béliers.

RACES DIVERSES. — Les troupeaux de la zone frontière méridionale de production du *roquefort*, ne contiennent pas seulement des animaux des *races du Larzac* et *de Lacaune* ; ils sont souvent constitués par la *race barbarine* pure ou croisée qui est élevée sur le littoral de la Méditerranée.

Les animaux de cette race, d'après M. Sénéquier (2), ont une tête volumineuse, un profil rectiligne, des oreilles grandes souvent tombantes. Le garrot est saillant, la ligne du dos horizontale, la croupe large et très inclinée. Le squelette est grossier ; la conformation laisse parfois à désirer. La queue présente toujours un élargissement appréciable à son point d'insertion. La laine est grossière, caractérisée par des mèches pointues qui donnent une toison un peu ouverte. La tête, les oreilles, les membres sont fréquemment pigmentés de roux. Les brebis *barbarines* sont très prolifiques et bonnes laitières ; leurs mamelles sont très développées. Sur les plateaux élevés elles se montrent plus délicates que les *larzac*.

On trouve aussi, égarés dans les troupeaux dont nous venons de parler, quelques échantillons des races *caussinarde, de la Montagne-Noire, du Lauraguais, southdown* et *dishley*.

---

(1) La *race southdown* a été introduite par M. de Naurois dès 1856. (*Rapp. sur la prime d'hon. du Tarn en 1859.*)

(2) R. Sénéquier. *Recherches sur le croisement continu.*

LA CORSE ET LES BREBIS CORSES. — Nous n'entreprendrons pas de décrire la Corse, que d'ailleurs nous ne connaissons pas. Disons seulement que certaines parties de cette île et notamment les arrondissements de Calvi et de Bastia (1) produisent en abondance du lait de brebis qui servait autrefois à la confection de fromages corses et qui est en grande partie utilisé, depuis quelques années, pour la production du *roquefort de primeur* à une époque de l'année où la lactation est suspendue sur le continent.

Vache de la race d'Aubrac (Photographie de M. E. Marre).

Des laiteries qui fonctionnent de novembre à la fin mars ont été installées; elles payent le lait de 20 à 25 fr. l'hectolitre suivant la saison ; les produits viennent s'affiner à Roquefort. Quoique chaque laiterie possède un saloir où le fromage séjourne 15 à 20 jours avant d'être expédié, il est reconnu qu'il ne peut acquérir de sérieuses qualités s'il ne passe à Roquefort pour y être affiné.

Les brebis *corses*, d'après M. Donati (2), se ressentent des conditions qui leur sont faites par l'état arriéré de l'agriculture locale : elles sont très petites ; leur tête est fine et munie de cornes assez fortes ; leur poitrine est

(1) Le rayon d'approvisionnement s'étend sur les cantons de Calvi, Calenzana, Muro, Ile-Rousse, Belgodère, Oletta, Borgo, Vescovato, Moita, Ajaccio, Bastelica, Vico, La Piana, Morosaglia.
(2) F. Donati. *La laiterie en Corse*.

étroite ; leurs membres sont relativement longs ; leur laine touffue et longue est de qualité inférieure ; en revanche leur lait est riche en extrait sec : le rendement annuel est de 33 litres environ ; mais, avec une bonne sélection et un peu de nourriture à l'étable, il s'élève à 50 litres

Les tentatives qui ont été faites pour améliorer la race locale par le croisement avec la plupart des races réputées pour la production du lait (*larzac*, *caussenarde*, *barbarine*) ont complètement échoué, sans doute parce qu'on n'a pas songé à améliorer en même temps l'alimentation.

Les brebis *corses* appartiennent en effet, en grande partie, à des bergers nomades qui les entretiennent l'hiver dans les plaines et l'été sur les montagnes, presque exclusivement au pâturage.

LAIT DE VACHE ET LAIT DE CHÈVRE. — « On n'emploie pour faire le fromage de *roquefort*, écrivait Monteil en 1802, que du lait de brebis, auquel on ajoute, en beaucoup d'endroits, un peu de lait de chèvre ; la plus petite quantité de celui de vache suffirait pour en altérer la qualité. » A l'heure actuelle, cette manière de voir semble s'être modifiée, en ce qui concerne le lait de vache, car, dans certaines régions, on en ajoute une certaine proportion au lait de brebis.

Nous sortirions du cadre de ce travail si nous recommencions, avec les mêmes développements, pour les espèces bovine et caprine, l'étude que nous avons entreprise pour l'espèce ovine.

Qu'il nous suffise de dire que les chèvres entretenues vivent du même régime que les brebis avec lesquelles elles sont mélangées et qu'une addition de 2 % environ de leur lait est réputée favorable à la bonne préparation des fromages parce qu'elle favorise l'égouttement.

Quant aux vaches, elles appartiennent le plus souvent à la *race d'Aubrac* qui est la race par excellence du département de l'Aveyron (1). On admet aujourd'hui, dans le monde des fromageries, qu'une addition de $^1/_5$ à $^1/_{10}$ de lait de vache ne nuit pas à la qualité et donne même un produit moins jaune et plus agréable à l'œil. Toutefois les avis sont partagés à ce sujet. D'ailleurs, certains producteurs augmentent sans cesse la proportion du lait de vache et dépassent, dans une certaine mesure, les chiffres que nous venons d'indiquer, au grand détriment de la qualité. Par contre, certains autres, ceux, par exemple, des nombreuses régions où on n'entretient pas de vaches, n'emploient pas une seule goutte de ce lait.

STATISTIQUE DES ANIMAUX PRODUCTEURS DE LAIT. — Une enquête à laquelle nous nous sommes livré en 1904 nous a permis d'établir assez exactement la statistique des animaux qui concourent à la production du lait

(1) Voir : *La race d'Aubrac et le fromage de Laguiole*, par E. Marre.

utilisé pour la fabrication du *roquefort*. Cette enquête a donné les résultats suivants :

	NOMBRE D'ANIMAUX	LAIT PRODUIT ANNUELLEMENT	PROPORTION DE LAIT mis en œuvre
Brebis laitières.......	521.330	329.420 hectol.	97.36 %
Vaches....	1.569	8.337 —	2.46 —
Chèvres.............	699	605 —	0.18 —
Total...	523.598 (1)	338.362 —	100.00 —

Ces animaux sont entretenus par 10 445 agriculteurs. Nous verrons plus loin (chap. VIII) dans quelle proportion chacun des départements intéressés concourt à la production.

Différents documents nous fixent sur le nombre de brebis laitières qui ont servi, dans le passé, à la production du *roquefort* : Ce nombre aurait été de 50 000, vers 1760, d'après Marcorelles (2) ; de 150 000, à la fin du xviiie siècle, d'après une *Notice de la Société des Caves et des producteurs réunis* (3) ; de plus de 100 000, vers 1830, d'après Girou de Buzareingues (4) ; de 200 000, vers 1864, d'après Jules Bonhomme (5) ; de 300 000, d'après la notice précitée, vers 1867 ; de 350 000, d'après A. Roques et J. Charton (6), en 1875.

(1) Le nombre total des ovins de tout sexe et de tout âge est, dans le seul département de l'Aveyron, d'après la statistique agricole de 1904, dont nous considérons les chiffres comme un peu faibles :

	CANTONS PRODUCTEURS DE LAIT	TOUT LE DÉPARTEMENT
Béliers au-dessus d'un an..............	5.478	9.536
Brebis.................................	362.026	452.736
Moutons...............................	25.998	47.021
Agneaux et agnelles...................	59.433	94.032
Total............	452.940	603.325

Les brebis laitières dont il est question ci-dessus appartiennent approximativement aux diverses races dont nous avons précédemment parlé, dans les proportions suivantes :

Race de Lacaune..................	112.775
» du Larzac....................	96.969
» du Ségala	84.235
» des Causses..................	68.047
	362.026

(2) Marcorelles. *Mémoire sur le fromage de Roquefort.*
(3) *Notice sur la Société des Caves et des Producteurs réunis.*
(4) Girou de Buzareingues. *Mémoire sur Roquefort, ses caves, ses fromages.*
(5) J. Bonhomme. *La bergerie.*
(6) A. Roques et J. Charton. *Roquefort et ses environs.*

Troupeau au pâturage (Photographie de M. E. Marre).

IV

EXPLOITATION DES TROUPEAUX

MÉLIORATION DES RACES OVINES LAITIÈRES. — Les diverses races ovines laitières que nous venons de passer en revue, modelées sur le sol et le climat, conviennent chacune à leur région : il serait peut-être dangereux de les intervertir ou de les remplacer par des races nouvelles qui ne présenteraient pas les mêmes aptitudes, qui ne seraient pas acclimatées par un long séjour dans la contrée, qui ne seraient pas capables de se tenir et de marcher sur des coteaux escarpés, de vivre sur de maigres pâturages, de parcourir sans fatigues de vastes espaces.

D'ailleurs, l'éleveur n'a pas, comme le simple nourrisseur ou l'engraisseur, la faculté de se défaire en tout temps de ses animaux ; la constitution d'un bon troupeau est chose longue et difficile et sa transformation immédiate ne peut se faire qu'à la condition de consentir des sacrifices hors de proportion avec les résultats à obtenir.

Les croisements auxquels quelques-uns recourent dans les diverses régions d'élevage sont des opérations délicates et compliquées. Les éleveurs qui croient devoir accorder leurs préférences à une race étrangère ne doivent pas en tenter l'introduction avant de s'être assurés de tous les moyens de faire réussir leur entreprise : ils doivent avoir mis préalablement leurs ressources fourragères en rapport avec les besoins de la nouvelle race. « On aurait tort sans doute de tenir de petites races sur des pâturages très fertiles, mais le tort serait bien plus grand de vouloir tenir de grandes races sur de maigres pâturages où elles ne pourraient pas se nourrir. Règle générale, il y a toujours moins à perdre à tenir une race en dessous plutôt qu'en dessus des ressources que l'on a : la race qui est en dessous s'améliore par la bonté du régime, celle qui est en dessus ne peut que dégénérer » (1).

Les éleveurs doivent aussi s'assurer des débouchés pour leurs produits et se rappeler que l'agriculture ne peut pas être une affaire de fantaisie, mais que le cultivateur, comme tout autre industriel, doit consulter le goût du public qui achète et consomme.

Les embarras qui peuvent assiéger un cultivateur qui tente d'introduire une race nouvelle sur sa ferme sont grands quelquefois ; mais ils ne sont pas insurmontables. Une des premières conditions pour les vaincre est de bien connaître les rapports qui existent entre la nouvelle race et la race ancienne à laquelle on veut la substituer, et de chercher, parmi les variétés du type à adopter, celle qui, s'éloignant le moins de la race locale, sera la moins susceptible de la dénaturer dans les croisements tout en l'améliorant. Il n'est pas d'espèce domestique plus répandue que la bête à laine et qui comprenne un aussi grand nombre de variétés appropriées aux exigences des stations les plus diverses ; mais, en même temps, il n'en est pas dont les individus souffrent plus du changement de climat et d'habitude et qu'il soit plus difficile de dépayser.

C'est par la sélection constante des reproducteurs et notamment des mâles et par l'amélioration du régime alimentaire que les agriculteurs doivent surtout songer à faire progresser leurs animaux ; ils ont, de fait, réalisé de sérieux progrès, depuis quelques années, stimulés qu'ils ont été par la vente rémunératrice du fromage ou du lait : Les chiffres du rendement à différentes époques que nous reproduisons dans le chapitre suivant sont, à ce point de vue, intéressants à consulter.

Pour pratiquer la sélection au point de vue laitier on doit choisir les femelles et, plus encore, les reproducteurs mâles parmi les produits des brebis qui donnent le plus de lait et le lait le plus riche (2).

---

(1) Jules Bonhomme. *La bergerie*.
(2) Les béliers qui possèdent des rudiments de mamelles, dans la région scrotale, au point d'attache des esticules, transmettent à leurs produits femelles une meilleure aptitude laitière.

Les bonnes brebis laitières présentent des caractères spéciaux presque analogues à ceux qui permettent de distinguer les meilleures vaches laitières :

« La femelle laitière, quelle qu'en soit l'espèce , dit M. Dechambre , doit être, avant tout, nettement caractérisée comme femelle ; elle doit être de son sexe avant d'être de sa race, avant même d'être de son espèce. » (1) Sa conformation et sa peau doivent être fines, ses mamelles doivent être volumineuses, souples et onctueuses (2).

La sélection des animaux au point de vue laitier ne doit pas faire oublier leur destination finale qui est la boucherie. Les deux qualités ne s'excluent pas d'une façon absolue, quoiqu'en aient pu dire certains auteurs. L'aptitude à l'engraissement n'est pas nécessairement incompatible avec l'aptitude laitière.

La sélection gagne à être faite en deux fois : peu de temps après la naissance des agneaux pour choisir les plus parfaits ; plus tard, à la veille de l'accouplement, pour écarter ceux qui ont mal réussi et n'ont pas tenu leurs promesses.

Il est impossible d'obtenir des résultats appréciables avec la sélection si l'on ne se préoccupe pas en même temps de l'amélioration du régime. Rappelons à ce sujet que si « bien nourrir coûte cher, mal nourrir coûte plus cher encore » et qu'il vaut mieux, dans l'intérêt du rendement, restreindre le nombre de ses animaux que de s'exposer à leur faire subir des privations.

Dans la région de production du *roquefort,* on a parfois une tendance à négliger l'alimentation des jeunes pour concentrer toutes ses ressources sur les brebis laitières. C'est certainement une faute préjudiciable à l'amélioration des troupeaux.

ÉLEVAGE. — Le mode d'élevage des brebis utilisées pour la [production du *roquefort* est, à peu de chose près, le même, qu'il s'agisse de l'une ou de l'autre race *du Larzac, des Causses, du Ségala* ou *de Lacaune.*

La durée de la gestation variant de 146 à 161 jours, en moyenne 152 jours, les brebis sont livrées aux béliers en temps opportun (fin juin à fin septembre, suivant les régions) pour que l'agnelage se produise à la saison déterminée par l'éleveur. Les béliers (3) qui, en temps ordinaire, sont entretenus séparément, sont versés dans le troupeau pendant un mois (4), à raison d'une unité par 50 ou 60 brebis, quoiqu'ils puissent, à la rigueur, couvrir 70 à 80 bêtes ; les cas de stérilité sont rares.

L'influence des mâles est, comme on le voit, prépondérante dans l'amélio-

---

(1) DECHAMBRE. *Les brebis laitières.*

(2) Voir, pour l'énumération détaillée des caractères des brebis laitières : *Sur la brebis laitière,* par Tayon, et *Les races ovines et leurs productions dans le département de l'Hérault,* par Mozziconacci.

(3) Ces animaux sont désignés sous les noms patois de *arel* ou de *porrot.*

(4) Dans les troupeaux nombreux qui exigent plusieurs béliers, on les divise parfois en deux brigades dont une est enfermée et qui se relèvent alternativement tous les deux ou trois jours.

ration d'un troupeau ; aussi les fermiers doivent-ils attacher la plus grande importance au bon choix de ces animaux.

Un peu avant la saison de la lutte, les animaux des deux sexes sont préparés par une alimentation substantielle et excitante ; les béliers, en particulier, reçoivent des rations d'avoine mélangées d'un peu de sel.

On fait naitre les agneaux vers le premier de l'an, depuis le 1er décembre, dans les régions précoces (1), jusqu'à la fin de janvier, dans les pays tardifs·

Troupeau au pâturage (Photographie de M. Nayrolles).

Les portées doubles sont fréquentes dans les races *du Larzac* et *barbarine ;* on en compte un quart au moins.

Les brebis sont l'objet de soins assidus pendant l'époque de la gestation et de l'agnelage : dès que celui-ci commence, le berger veille sur elles jour et nuit ; il les aide, pour la mise bas, si c'est nécessaire, les isole, pendant quelques jours avec leur produit, leur donne une nourriture de bonne qualité et des boissons tièdes additionnées de son ou de farine; il guide, dans le commencement, les jeunes agneaux pour les faire têter.

(1) Dans quelques cas tout à fait exceptionnels le commencement de l'agnelage est plus précoce encore.

Dès que ce résultat est obtenu, dans certaines bergeries, on sépare les agneaux de leurs mères et on ne les rassemble qu'aux heures des têtées.

Dans les régions où l'on fabrique le *roquefort*, on se débarrasse, le plus tôt possible, de la plus grande partie des agneaux (les trois quarts) que l'on vend, sous le nom d'*agneaux de lait*, dès qu'ils ont 20 à 25 jours et pèsent 6 à 8 kil. (1).

Les jeunes animaux, mâles de préférence, sont achetés par les bouchers du pays qui les égorgent sur place et les expédient, par groupes de 20, dans des corbeilles en osier en diverses régions et, notamment, dans le Languedoc et le Bordelais. Ces agneaux valent de 70 à 90 fr., exceptionnellement 100 fr. les 100 kil. de poids vif (2) et rendent 50 à 60 % de viande nette.

On en fait aussi une très grande consommation dans le pays producteur et les peaux qui valent de 1 fr. 75 à 2 fr. sont recherchées par la ganterie de Millau (3).

On prive de tout leur lait, au bout d'un mois environ, les plus belles agnelles que l'on destine à l'élevage pour le renouvellement du troupeau, de manière à pouvoir traire la plus grande quantité possible de ce produit. Ces jeunes animaux subissent toujours un dépérissement à la suite de ce sevrage prématuré.

Les brebis commencent généralement à produire à l'âge de deux ans (4). Dès qu'elle ont 5 ans environ, leur production baisse : on les réforme alors, à la fin de la campagne laitière, en les séparant du reste du troupeau, pour leur faire subir un régime spécial et on les remplace par un égal nombre de jeunes qui ont été généralement élevées sur l'exploitation.

Les brebis réformées ou *garches* sont nourries dans de bons pâturages et reçoivent des rations supplémentaires de racines fourragères, de tubercules, de grains, de tourteaux qui les poussent à l'engraissement dans l'espace de 2 ou 3 mois ; elles pèsent, une fois grasses, de 40 à 50 kil. et valent de 0 fr. 60 à 0 fr. 80 le kil. de poids vif, soit de 24 à 40 fr. la pièce. Les mêmes animaux non engraissés valent environ 20 fr. la pièce.

---

(1) Certains métis acquièrent plus rapidement que les races pures le développement exigé pour les agneaux de boucherie : parmi eux, les *Bergame-Barbarin*, les *Bergame-Larzac*. Dans une intéressante étude sur *La production des agneaux de lait*, Tayon cite le cas d'un *Bergame-Barbarin* pesant 5 kil 550 à la naissance et 12 k. dès le 23ᵉ jour. Pour atteindre le même poids, un *Bergame-Larzac* mit 28 jours, un *Southdown-Larzac*, 41 jours, un *Corse-Larzac*, 58 jours et un *Corse pur*, 93 jours. D'après des expériences du même auteur, un agneau consomme 4 à 5 litres de lait de brebis pour augmenter d'un kilo. Cette donnée peut être avantageuse à connaître pour savoir, suivant le cours des agneaux de lait et celui du lait, si l'on a intérêt à favoriser l'une ou l'autre de ces deux productions étroitement unies entr'elles.

(2) Les premiers se vendent toujours plus cher, à titre de *primeurs*.

(3) La production de la *ganterie* à Millau représente 5 à 6 millions par an. A côté d'elle il faut citer deux industries plus importantes encore, la *tannerie* et la *mégisserie*, qui mettent en œuvre une valeur de 15 millions de peaux.

(4) Toutefois, à titre exceptionnel, dans certaines fermes où le développement est précoce, par suite d'une alimentation copieuse, on gagne une année en faisant porter les jeunes brebis, pour la première fois, vers l'âge de 14 ou 15 mois.

Le renouvellement du troupeau se fait par quarts ou par cinquièmes, c'est-à-dire qu'on réforme un quart ou un cinquième des brebis tous les ans et qu'on les remplace par un égal nombre d'*antenaises* ou *bassives*, animaux de 1 à 2 ans, que l'on appelle encore *bésonoquos* depuis un an jusqu'à l'agnelage et *nouvelles* après l'agnelage.

Les brebis sont tondues du 1er juin au 25 juillet, suivant les climats, le plus tard possible, à cause de la fraîcheur qui diminue la production du lait.

Marvejols.

Si le temps se refroidit immédiatement après qu'on a fait la tonte, on conduit le troupeau sur des pâturages abrités; s'il pleut, il est prudent de le laisser dedans.

Le rendement en laine est de 2 kil. à 2 kil. 500 par tête. Il est à remarquer que les toisons des meilleures laitières sont de beaucoup inférieures à celles des bêtes plus pauvres en lait. Cette laine, dont la souplesse et la finesse varient avec les races, est assez chargée et ne rend au lavage que 30 à 36 %. Elle est achetée, du 1er juillet à fin décembre, par des ramasseurs, pour le compte des fabricants de drap de Camarès, Lapeyre, Saint-Geniez, Lodève, Mazamet, Clermont-l'Hérault, Bédarieux, Salles-la-Source, Le Monastère-sous-Rodez, Saint-Affrique, Marvejols, Chirac, etc.

Le prix de la laine n'est plus ce qu'il était autrefois, avant l'importation en franchise des laines fines d'Amérique et d'Australie (1) ; il varie de 0 fr. 70 à 1 fr. 10 le kil. en suint ; aussi la laine n'est plus considérée que comme un sous-produit et on ne se préoccupe plus d'en augmenter le rendement ou la qualité par la sélection ou par le croisement (2).

La plus grande partie de la laine produite dans la contrée sert à fabriquer des *draps de troupe* ou des étoffes dites « *du pays* ».

La tonte est faite généralement par des troupes de tondeurs composées d'un patron et de plusieurs aides qui parcourent le pays de ferme en ferme au

Le Monastère-sous-Rodez.

moment de la saison. Les tondeurs reçoivent un salaire de 2 fr. environ par journée et sont nourris à la ferme où leur présence est le prétexte d'abondants et joyeux repas.

Dans les régions éloignées de Roquefort et ne produisant pas de fromage, (arrondissements de Villefranche et d'Espalion, ouest de l'arrondissement de Rodez), certains agriculteurs se livrent à l'engraissement des moutons. Ils achè-

(1) La laine valait, vers 1802, d'après Monteil (*Description du département de l'Aveiron*), 1 fr. 80 le kil. Dans la suite, vers 1860, elle s'est vendue jusqu'à 2 fr. 10 le kil. Elle valait encore, vers 1878, d'après M. Alex. Vitalis, 1 fr. 45 à 1 fr. 55 le kil. et jusqu'à 1 fr. 75 en 1880.

(2) Il y a lieu de constater, toutefois, que la laine a subi cette année (1905) une hausse de prix de 15 %, environ. Si l'on considère, d'autre part, que cette matière première se raréfie, par suite de la diminution du nombre des bêtes à laine, il serait peut-être de bonne économie de ne plus la considérer comme un sous-produit et d'en augmenter la qualité et le poids de manière à obtenir un rendement minimum de 3 kil. par tête.

tent, en avril, mai, juin, des animaux de différents âges, les entretiennent au pâturage, pendant l'été, jusqu'à l'âge de 18 mois ou 2 ans et demi environ. A ce moment, les animaux ont pris tout leur développement et on les engraisse en automne, à la bergerie, avec du foin sec et des aliments concentrés.

La viande des animaux jeunes et bien engraissés est assez estimée et possède une très bonne saveur. Une partie des moutons gras est exportée et vendue sur les marchés de la Villette au prix moyen de 75 à 80 fr. les cent kil. Leur poids variant entre 40 et 70 kil., leur prix atteint 30 à 56 fr. la pièce.

Salles-la-Source.

Il existe des races ovines plus précoces que les races exploitées pour la production du *roquefort*, mais, sauf dans des conditions exceptionnelles, il n'est guère possible d'en introduire dans la région qui soient susceptibles de donner des revenus plus considérables ; c'est ainsi que l'on arrive à faire produire à certaines brebis particulièrement bien douées, valant à peine 25 ou 30 fr., un revenu annuel de 20 à 42 fr., ainsi réparti :

Agneau	5 à	8 fr.
Laine	2 à	4 --
Lait	13 à	30 —
Total	20 à	42 —

Lorsque l'animal est vieux, on s'en débarrasse, une fois gras, à des prix rémunérateurs Les bons fermiers des régions où l'on fabrique le *roquefort* payent souvent leur fermage avec le produit de la vente du lait ou du fromage. Ces résultats se passent de commentaires.

Nous citerons simplement pour mémoire comme revenu à ajouter, dans certains cas, à ceux que nous venons d'énumérer, le produit de la vente du fumier que nous avons cru devoir critiquer dans le chapitre précédent.

RÉGIME ALIMENTAIRE. — Les brebis laitières sont nourries dehors pendant une grande partie de l'année : elles sortent, même en hiver, lorsque le temps le permet ; quoique la pâture broutée soit, à cette saison, de peu d'importance, l'air et l'exercice qu'elles font leur sont favorables et les mettent d'appétit.

Elles utilisent d'abord les pâturages naturels formés, surtout dans les causses, d'un heureux mélange de graminées, de légumineuses et de plantes aromatiques, l'herbe des terres incultes, des friches, des jachères et des chaumes après la moisson, enfin les prairies artificielles et les fourrages annuels que le fermier sème pour elles, ainsi que les dernières pousses des prairies naturelles.

En automne, on conduit le troupeau dans les bois de chênes et, en hiver, sur les pâturages les mieux exposés et les prairies abritées.

Les pâturages élevés et secs valent du reste mieux, d'une façon générale, pour l'espèce ovine, que les prairies fertiles des bas-fonds qui risquent d'engendrer la *pourriture* ou *cachexie aqueuse*, surtout en automne.

Au printemps, en automne et en hiver, on doit éviter de faire sortir les animaux trop tôt le matin et il faut les faire rentrer assez tôt le soir pour les soustraire à l'influence pernicieuse de la rosée ; on complète, dans ce cas, surtout le matin, par une distribution de fourrage sec, la nourriture que les animaux trouvent dehors.

Dans toutes les exploitations on sacrifie pour la dépaissance, jusque vers le mois de mai, « *on fait déprimer* », les premières pousses d'une ou plusieurs prairies naturelles ou artificielles dans le but d'activer, par cette nourriture fraîche, la production du lait.

Cette pratique, très nuisible aux prairies (1), produit le meilleur effet sur les animaux. Pour concilier tous les intérêts, plusieurs propriétaires ont eu l'idée de remplacer par de l'herbe ensilée ce *déprimage*. Nous en connaissons qui ont obtenu les meilleurs résultats. On fait brouter aussi au printemps les pousses des seigles en herbe dont la végétation a été très vigoureuse en automne et, dans les pays de vignobles, les feuilles de vigne, après la vendange.

---

(1) Les inconvénients du *déprimage* pour les prairies sont considérables : l'herbe décapitée, salie, écrasée par les pieds des animaux au moment où, grâce à la douce température et à l'humidité du printemps, elle croît avec le plus d'énergie, est souvent paralysée dans son développement par la sécheresse qui ne tarde pas à survenir : les prairies ne fournissent plus, dès lors, qu'un foin rare et court dont la récolte retardée ajourne à son tour la pousse du regain.

En été, pendant les heures les plus chaudes de la journée, on laisse « chômer » le troupeau à l'ombre, si c'est possible, c'est-à-dire que les animaux se réunissent par groupes, serrés les uns contre les autres, immobiles, le nez contre terre, pour résister à la chaleur qu'ils redoutent beaucoup.

Les troupeaux de 500 ou 600 brebis ne sont pas rares. Les bergers donnent à certaines d'entr'elles des *sonnailles* en fer battu, dont le son n'a rien d'argentin comme celui des clochettes en bronze, mais s'harmonise cependant avec

Troupeau au pâturage.

le caractère paisible des animaux qui les portent. Ceux-ci marchent généralement en tête du troupeau et, souvent dociles et apprivoisés, rendent service pour la conduite de leurs congénères. Les *sonnailles* servent aussi à attirer l'attention du berger, soit le jour, soit la nuit, lorsqu'il arrive au pâturage ou à la bergerie quelque chose d'extraordinaire pour mettre les animaux en mouvement; elles servaient, quand il y avait des loups, à signaler leurs attaques

Les qualités du berger font varier le revenu dans de fortes proportions : c'est, de tous les agents de la ferme, celui qui est le plus capable de causer à son maître des dommages par sa négligence ou sa mauvaise volonté. Aussi les propriétaires soucieux de leurs intérêts ne craignent pas de donner des gages élevés aux bergers, probes avant tout, qui connaissent leurs animaux, qui les affectionnent et n'ont d'autre souci que leur prospérité, qui évitent en particulier de les exposer à la météorisation, à la cachexie et à toutes sortes d'influences pernicieuses.

« La manière de conduire le troupeau, dit Bonhomme (1), influe à la fois sur sa santé et sur la conservation des pâturages. Par le choix des lieux, selon les saisons, le berger préserve son bétail des excès de température :

La rentrée du troupeau (Photographie de M. E. Marre).

l'hiver il le tient dans les endroits abrités des vents froids ; l'été il règle sa marche de manière à lui faire éviter les ardeurs du soleil ; il le mène, le matin, sur les pâturages exposés au couchant ; il garde ceux qui sont exposés au levant pour le soir ; dans le milieu du jour, s'il ne le fait pas rentrer à la bergerie, il choisit les lieux où il puisse trouver de l'ombrage...

» Le berger doit éviter de gaspiller ses herbages ; il doit tenir son troupeau rassemblé et ne lui faire quitter une place qu'après qu'il l'a épuisée ; s'il les livre tous à la fois à ses brebis, elles choisissent les meilleures plantes et laissent les mauvaises qui finissent par envahir le pâturage. Le mieux

(1) JULES BONHOMME. *La bergerie.*

est de tenir le troupeau, pendant la plus grande partie du jour, aux endroits les moins fertiles et de ne lui livrer les meilleurs qu'à certaines heures, par lots successifs. C'est, du reste, à peu près la méthode suivie dans le *Larzac* où les brebis sont nourries sur des prairies artificielles ; on les conduit sur celles-ci deux fois par jour, le matin, après qu'elles ont commencé de manger sur les friches, et, le soir, avant de les faire rentrer.

» Le bon berger doit être doué d'un coup d'œil particulier qui lui fait

Troupeau dans la cour de la bergerie.

reconnaitre toutes les bêtes du troupeau et apercevoir de suite celles qui montrent quelques signes de maladie ; il doit savoir faire, au besoin, quelques opérations, telles que remettre un membre fracturé, panser les animaux atteints de piétin, faire une saignée, etc. Le métier de berger exige un assez long apprentissage ; il est bon que celui qui l'exerce l'ait commencé tout jeune. (1) »

(1) Le poète F. Fabié exprime dans les termes suivants les conseils d'un vieux berger à un jeune :

... Sois bon, sois ferme !	Peut compromettre sans retour	Et de les tenir en haleine,
Chaque matin en te levant,	Ton renom et ta bergerie.	Mais incapable d'arracher
Consulte le ciel et le vent,		A la brebis qu'il court chercher
Puis choisis lande ou prairie,	Aide-toi d'un chien fort et doux,	Même un léger flocon de laine.
Et sache que l'erreur d'un jour	Capable d'imposer aux loups	

(F. FABIÉ. *La Bonne Terre : Jean le pâtre*.)

Depuis quelques années, les programmes des *Concours de la race du Larzac* prévoient l'attribution de deux primes à ces utiles auxiliaires de l'éleveur. De tout temps, des récompenses de même nature ont figuré sur les programmes des *Concours du Comice de St-Affrique*.

Il n'est pas possible de parler du berger, sans dire quelques mots de son fidèle compagnon, le chien : celui-ci est dressé avec soin ; sur un signe de son maître, il rassemble le troupeau, ramène toute bête qui s'écarte, empêche l'entrée des lieux mis en défense ; les chiens les plus parfaits remplissent leurs fonctions avec douceur, sans jamais mordre ni épouvanter aucune bête ; ils n'ont besoin que de quelques éclats de voix bien connus du troupeau pour se faire obéir. Les chiens doivent être assez bien nourris pour que la faim ne les pousse pas à la maraude (1).

Lorsque la mauvaise saison arrive et que les brebis ne peuvent pas sortir, on les nourrit à la bergerie, avec du foin sec de bonne qualité, le meilleur de la ferme, non pas le plus gras qui vient dans les bas-fonds, mais le plus sain qui pousse sur les pentes et les hauteurs. Celui des légumineuses fourragères convient le mieux et produit une heureuse influence sur la quantité et la qualité du lait.

On donne aussi des pailles et des balles de blé ou d'avoine, des fagots de frêne, peuplier, saule, ormeau, chêne, acacia, mûrier, vigne, etc., surtout dans les régions sèches où le foin est rare (2).

On améliore cette nourriture sèche, dans les bonnes exploitations, en la

(1) Les chiens des bergers du *Larzac*, d'après M. O. Pannet, vice-président du *Club français du chien de berger* appartiennent à deux types : Le chien dit *d'Auvergne* est de taille moyenne, plutôt petit que grand ; sa tête est allongée, son museau long et pointu, ses oreilles courtes et pendantes au repos, dressées et droites lorsqu'il charge ; sa queue est horizontale et légèrement pendante ; son poil est épais et rude ; sa robe est le plus généralement noire, à l'exception du museau, de la gorge, du ventre et de la face interne des jambes qui sont souvent blanc-louvet ou gris ; les yeux sont petits et vifs, quelquefois soulignés de taches de feu ; les pattes de derrière sont armées d'un double ergot, que les bergers appellent *éperon*. Ce chien n'est pas gracieux ; il a l'air triste et sauvage ; il est d'une infatigable activité et d'une intelligence extraordinaire.

Le second type se rapproche beaucoup du *griffon* et il est tout aussi actif, intelligent et énergique que le chien *d'Auvergne* ; il est plus souple et aussi répandu que lui. La taille est moyenne, légèrement plus grande que celle du chien *d'Auvergne* ; la tête est ronde et assez forte, le museau court, les yeux à fleur de tête, larges et d'une intensité d'expression remarquable, les oreilles courtes et droites, la queue légèrement recourbée ; tout le corps, le museau, la tête et les pattes sont recouverts d'un poil long et soyeux ; la robe est noire ou mélangée de poils blancs ou encore d'un blanc mal teint tirant sur le marron très clair, genre isabelle ; le train de derrière est également armé d'un double ergot.

Ces deux races, qui se croisent fréquemment au hasard des rencontres, mais qui reviennent rapidement à l'un des deux types après une ou deux générations, ont un caractère décidé. Les chiens de berger naissent tout élevés et, guidés par leur naturel, ils s'attachent à la garde des troupeaux avec une assiduité à laquelle l'éducation n'a point de part, avec une vigilance et une fidélité extraordinaires. (*Le chien de berger des Causses, des Cévennes et du Gard.*)

(2) Dans les *causses* on plante des frênes et des ormeaux, au bord des champs, en vue de cette utilisation qui procure une variété favorable au bon entretien du troupeau et à la production laitière. Les rameaux, véritables fourrages aériens, sont élagués en septembre, tous les trois ans, et liés en fagots que l'on fait sécher, autant que possible à l'ombre, avant de les rentrer. Ces amputations périodiques donnent aux arbres *fourragers* l'aspect d'immenses candélabres bosselés et verruqueux.

faisant macérer et on la complète par des distributions de tourteaux (1), de farines, de grains, de racines fourragères, de son donné dans les breuvages, de bouillies diverses. La variété est des plus favorables à la lactation et à la santé générale des animaux.

Les rations sont transportées dans de grands paniers et soigneusement distribuées dans les crèches et les rateliers (2).

On laisse constamment du sel à la disposition du troupeau : le sel gemme,

Intérieur de bergerie.

que l'on peut placer en blocs dans les râteliers et que les brebis lèchent lorsqu'elles en ressentent la nécessité, est celui qui convient le mieux, car il

(1) Dans une étude intitulée : *Les brebis laitières du Larzac (Journal d'agr. prat.* 1880), M. Alex. Vitalis rapporte les résultats obtenus par le remplacement, dans la ration journalière de ses brebis du *Larzac*, de 700 gr. (sur 1 kil.) de regain par 250 gr. de tourteau de coton d'Egypte. Ces résultats se sont traduits par une augmentation de 34,4 °/₀ dans le rendement du lait et une diminution de 40 °/₀ dans le prix de la ration. Dans les bonnes fermes de la région on ne donne guère communément que 100 gr. par tête et par jour d'aliment concentré (tourteaux farines ou son) aux brebis laitières, pendant les mois d'hiver où elles ne sortent pas. Disons toutefois que l'emploi du tourteau est peu apprécié des acheteurs de lait qui lui reprochent, à tort ou à raison, de donner un caillé mou et difficile à travailler.

(2) Les provisions d'hiver, pour un troupeau, doivent être, par tête, d'après Roche-Lubin, de 120 kil. environ de fourrage sec et 13 litres d'avoine ou toute autre farine. On doit augmenter la ration des brebis pleines ; l'agneau sevré doit recevoir la moitié de la nourriture de la mère.

évite le gaspillage ; on évalue à 5 ou 10 gr., par tête et par jour, la quantité de sel nécessaire pour le bon entretien du troupeau.

Le petit lait est prohibé dans l'alimentation des brebis laitières ; il est reconnu qu'il diminue sensiblement la qualité du lait.

Quoique les bêtes à laine boivent peu, même lorsqu'elles sont nourries au sec, il importe, surtout si l'on ne veut pas voir baisser rapidement la production du lait, de les conduire tous les jours à l'abreuvoir, ou mieux de tenir à leur disposition, dans les bergeries, des baquets remplis d'eau pure et souvent renouvelée. L'eau tiède ou même chaude (25 à 30°), mélangée de quelques poignées de farine, augmente dans une grande mesure la production du lait.

« Il est indispensable, pour avoir beaucoup de lait, dit Jules Bonhomme (1), de bien nourrir les brebis, non seulement pendant la saison où on les trait, mais encore en tout temps, et de leur donner des aliments de choix, surtout pendant la gestation ; c'est l'hiver que le lait se fait, disent les bergers du *Larzac*. La bonne santé de la brebis dispose ses glandes mammaires à cette turgescence qui précède le part et rend ces organes d'autant plus propres à remplir leurs fonctions qu'elle a été plus énergique. »

En résumé, il est plus profitable de diminuer l'importance du troupeau et de l'alimenter copieusement que de l'augmenter et de ne le nourrir qu'avec parcimonie.

BERGERIES. — Les bergeries que l'on construit actuellement sont assez bien établies ; les plus anciennes sont trop souvent insuffisantes comme capacité (2) à cause de l'augmentation sensible du nombre des brebis dans ces dernières années. Elles sont parfois voûtées de façon à soustraire les animaux à l'influence du froid ou de la chaleur extérieures et à mettre les fourrages secs qui se trouvent au-dessus à l'abri des émanations provenant de la respiration.

Les portes sont assez grandes pour permettre une sortie facile, sans avoir à redouter les avortements résultant de la pression des brebis portières les unes contre les autres et pour permettre l'aération pendant l'été. Celle-ci est assurée, d'autre part, par des ouvertures munies de volets pour régler la température et assez haut placées pour éviter les courants d'air.

Quoique les brebis ne craignent pas le froid, une certaine chaleur est favorable à la production du lait. La façade principale est, autant que possible, exposée au levant ou au midi et précédée d'une cour dans laquelle on peut, au besoin, parquer le troupeau ; un sol pavé et légèrement en contrehaut assure l'assainissement.

---

(1) Jules Bonhomme. *La bergerie.*
(2) On compte qu'il faut une surface de 1 mètre carré environ par brebis et 1 m. 50 par brebis suitée.

Des crèches mesurant 30 cent. de largeur sur 15 de profondeur et des rateliers assez nombreux pour que chaque animal puisse y prendre place garnissent les côtés et souvent le milieu de la bergerie. Il faut compter 35 à 40 cent. de largeur de ratelier par brebis. Concurremment avec les rateliers, des barrières mobiles permettent, au moment de la traite, de diviser la bergerie pour séparer les brebis traites de celles qui ne le sont pas.

Les crèches et les rateliers sont, dans beaucoup de fermes, suspendus au pla-

Foire d'ovins (Photographie de M. E. Cartailhac).

fond par des chaînes ou des cordes ; on peut ainsi les élever à mesure que s'élève la couche de fumier. On a, en effet, la mauvaise habitude de laisser le fumier s'accumuler pendant plusieurs mois sous les pieds des animaux ; on produit ainsi l'engrais exporté dans le Languedoc sous le nom de *motte*, dont nous avons déjà parlé ; mais cette pratique nuit certainement à la santé des animaux et à la propreté du lait. Cet inconvénient doit être racheté par une litière abondante, surtout lorsque le temps est humide ou que l'alimentation est de nature relâchante.

Enfin, il est avantageux, pour éviter le développement des maladies contagieuses, de blanchir fréquemment les murs à la chaux et d'asperger, de temps en temps, les diverses parties de la bergerie avec des désinfectants.

FOIRES (1). — Sans donner la liste complète des foires dans lesquelles on trouve des animaux de l'espèce ovine appartenant aux races laitières qui approvisionnent Roquefort, nous signalons ci-après les plus importantes pour chaque catégorie d'animaux.

Salles-Curan.

a) AGNEAUX ET AGNELLES (2)

Bezonne (A) : 1er mardi de juin.

Cassagnes-Bégonhès (A) : 11 mai, 11 juin.

Pont-de-Salars (A) : 15 mai.

Rodez (A) : Marchés-foires des 1ers samedis de mai et de juin.

Salles-Curan (A) : 25 mai.

Salmiech (A) : 22 mai, 22 juin.

Ségur (A) : 2 mai.

b) ANTENAISES ET BREBIS LAITIÈRES

Camarès (A) : 18 février, mars et avril.

Durenque (A) : 30 avril.

Hérépian (H) : 1er mercredi après Pâques.

---

(1) Les lettres A , G , H , L , T. placées entre parenthèses à côté de chaque nom de localité, signifient Aveyron, Gard, Hérault, Lozère, Tarn.

(2) Les agneaux de lait sont achetés dans les fermes par des bouchers ou des marchands spéciaux. Quant aux mères suivies de leurs agneaux, nous les comprendrons dans la catégorie des brebis laitières.

Laissac (A) : 23 avril.
Le Caylar (H) : 26 avril.
Olargues (H) : 1ers samedis de mars et
   d'avril, 11 mai.

Salles-Curan (A) : 25 mai.
Salmiech (A) : 14 février.
Ségur (A) : 2 mai et marchés-foires des
   jeudis de mai.

Laissac.

Pont-de-Salars (A) : 15 mai.
Saint-Affrique (A) : 6 février, 24 mars,
   4 mai.
Saint-Sernin (A) : 11 févr., mars et avril.

Vabres-de-Saint-Affrique (A) : 20 avril.
Villefranche-de-Panat (A) : 16 février,
   17 mars.

c/ BREBIS RÉFORMÉES MAIGRES

Arvieu (A) : 30 septembre.
Bezonne (A) : 1er mardi de juin.
Cornus (A) : 19 septembre.
Cruéjouls (A) : 10 octobre.
Cassagnes-Bégonhès (A) : 11 Juillet, 6
   août.
Laissac (A) : 16 mai, 12 octobre.
Lamothe (A) : 12 septembre, 20 nov.

L'Hospitalet (A) : 4 septembre, 10 oc-
   tobre.
Naucelle (A) : 28 de chaque mois de
   septembre, octobre et novembre.
Olargues (H) : 12 septembre, 25 octobre.
Pont-de-Salars (A) : 25 octobre, 15 dé-
   cembre.
Roquecezière (A) : 28 septembre.

Saint-Affrique (A) : 14 septembre.
Saint-Félix-de-Sorgues (A) : 9 septembre.
Saint-Rome-de-Cernon (A) : 1er septembre.

Salles-Curan (A) : 14 octobre, 7 novembre.
Salmiech (A) : 22 juin, 17 août.
Vabres de Saint-Affrique (A) : 26 septembre.

Cornus.

d) Animaux gras (moutons et brebis)

Cassagnes-Bégonhès (A) : 29 décembre.
Cornus (A) : 19 septembre, 24 novembre.
Laissac (A) : 15 février, 23 avril, 16 mai, 13 décembre.
Lamothe (A) : 14 mai, 12 juin, 18 décembre.
L'Hospitalet (A) : 10 octobre.
Naucelle (A) : 28 mai et juin.

Olargues (H) : 25 octobre.
Pont-de-Salars (A) : 25 octobre, 15 décembre.
Roquecezière (A) : 28 septembre.
Salles-Curan (A) : 14 octobre, 7 novembre.
Salmiech (A) : 17 octobre, 15 novembre.
Villefranche-de-Panat (A) : 11 novembre, 22 décembre.

Traite des brebis.

V

LE LAIT DE BREBIS

RAITE DES BREBIS. — On pratiquait la traite, vers 1750, du 1er mai au 15 juillet, soit pendant 75 jours. Plus tard, elle dura jusqu'au 15 août et même jusqu'en septembre, d'après Desmarest (1), en 1784. Ces limites ne sont plus les mêmes à l'heure actuelle et varient, dans une certaine mesure, avec la précocité de la région et de l'année, avec les ressources fourragères, avec l'époque de l'agnelage, avec le cours du lait ou même, tout simplement, avec les habitudes locales.

La réception dans les laiteries commence habituellement dans le courant de février et finit en juillet, août (2). A ce moment les brebis ne donnent

(1) Desmarest. *Fromages de Roquefort.*
(2) Ces dates ne s'appliquent pas à la Corse dont les laiteries fonctionnent habituellement du 1er décembre

presque plus de lait ; d'ailleurs les caves de Roquefort ne reçoivent plus de fromage après le 10 septembre.

Les dates extrêmes de réception du lait dans les laiteries varient du 10 décembre au 10 avril pour le début de la campagne et du 10 juillet au 10 août pour la fin de la saison. L'époque de la plus grande activité est le mois de mai. Dans les domaines où l'on trait, soit avant l'ouverture, soit après la fermeture de la laiterie, on fabrique, pour l'usage de la ferme, soit des *fromages de Roquefort*, soit des fromages blancs que l'on désigne sous le nom de *pérals*.

La traite se fait deux fois par jour, le matin avant le jour en hiver, à l'aurore en été et le soir au retour du troupeau. On a soin de laisser reposer les animaux pendant une heure au moins, s'ils ont parcouru une longue course, avant la traite du soir.

Tout le personnel de la ferme, bergers, valets et servantes, est employé à cette opération importante, qui demande un temps considérable. On compte qu'il faut huit personnes pour un troupeau de 200 têtes ; c'est donc environ 25 brebis que peut traire chaque ouvrier. C'est un exercice pénible et fatigant qui prend près de trois minutes par bête ; on est obligé d'avoir dans les fermes, pour la traite, un personnel nombreux, plus en rapport avec l'importance du troupeau qu'avec l'étendue des cultures.

Dans quelques rares circonstances, on fait appel pour la traite à l'aide des voisins ; leur travail, dans ce cas, est payé à raison de 0 fr. 50 par jour, traite du matin et traite du soir réunies.

Pour traire, chacun des ouvriers est assis sur une sellette basse et a devant lui un récipient en fer-blanc étamé, à fond plat, à bords perpendiculaires plus large que haut, dans lequel tombe le lait et qui porte le nom de *seille* (1). Les brebis passent, les unes après les autres, devant le trayeur qui saisit de la main gauche la queue et la jambe postérieure gauche de chaque animal, tandis qu'il opère la traite avec la main droite. Pour cela il comprime d'abord fortement les mamelles comme il le ferait d'une .éponge, puis se livre avec le pouce et l'index de la main droite à la traction des trayons.

Lorsque le lait cesse de couler, l'ouvrier frappe à plusieurs reprises, avec le revers de la main, les mamelles de la brebis et imite en cela les coups de tête de l'agneau. Cette opération, qui porte le nom de *soubattage*, est pratiquée de temps immémorial ; grâce à elle, on obtient une nouvelle quantité de lait plus riche en beurre que le premier et on développe la sécrétion des glandes mammaires ainsi que la durée de la lactation ; elle correspond au massage du pis auquel les Danois ont jugé avantageux de soumettre leurs

---

à la fin mars, ni à quelque rares producteurs de *fromages de primeur* qui commencent à fabriquer dès le mois de septembre ou d'octobre.

(1) Au milieu du xviiie siècle, s'il faut en croire Marcorelles, on faisait la traite dans des récipients en bois de la contenance de 25 litres.

vaches laitières. Le *soubattage* a l'inconvénient, s'il est fait par des gens brutaux, d'occasionner des maladies parmi lesquelles le *mal de pis* ou *mammite infectieuse* qui fait chaque année de nombreuses victimes (1).

Le *soubattage* est confié aux meilleurs trayeurs. Dans ce but les gens employés à traire sont généralement disposés sur deux rangs : en avant se trouvent les plus exercés en arrière les maladroits ou les débutants. Les brebis à traire, placées derrière les ouvriers, s'avancent une à une, poussées par un berger, et passent d'abord entre les mains de ceux qui occupent le second rang et qui font sortir de la mamelle le plus de lait qu'ils peuvent. Les *ouvriers* du premier rang prennent alors les brebis et pratiquent le *soubattage*, c'est-à-dire qu'ils expriment à fond le lait qui reste dans la mamelle.

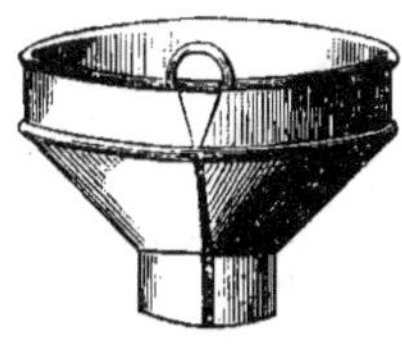

Couloir à lait rond
(Cliché de M. Garin).

Couloir à lait forme fer à cheval
(Cliché de M. Gaulin).

Il est reconnu que cette division du travail procure un rendement plus élevé pour la raison suivante : Si chacun des ouvriers était chargé d'exprimer à fond le lait de tout animal dont il aurait entrepris la traite, quelques-uns auraient une tendance, par suite d'une émulation mal comprise, à ne pas traire à fond, pour avoir leur seille plutôt pleine que leurs voisins ; on ne court pas le même risque en faisant *soubattre* par des trayeurs spéciaux : ceux-ci, en effet, ne pouvant songer à lutter de vitesse avec ceux qui ont commencé à tirer le lait le plus abondant et le plus facile, laissent de côté tout amour-propre et expriment consciencieusement tout ce qui reste dans la mamelle des brebis. Plus la même brebis passe par des mains différentes, mieux elle est traite ; dans les domaines où elle est ainsi reprise successivement par deux ou trois ouvriers, c'est le fermier ou un employé de confiance qui clôture.

Dans certains domaines ce ne sont pas les animaux qui défilent devant les trayeurs, comme il vient d'être expliqué, pour se faire traire, mais bien

---

(1) L'étude de cette maladie ainsi que celle d'une autre affection dénommée *tremblante* ou *prurigo lombaire*, dont nous avons déjà parlé et dont les causes sont peu connues, est vivement désirée par les praticiens. Cette étude a été entreprise par l'Institut Pasteur, par M. F. J. Bosc, professeur à la Faculté de médecine de Montpellier, et par M. Moussu, professeur à Alfort.

L'Institut Pasteur aurait déjà obtenu, si nous sommes bien informé, des résultats pour la *mammite* et plusieurs essais de vaccination ont été entrepris au cours de l'année dernière.

les trayeurs qui se déplacent peu à peu vers les brebis cantonnées dans un coin ; celles-ci, après avoir été soumises à la traite, sont repoussées derrière les ouvriers. Cette méthode a l'avantage, de l'avis de ceux qui la pratiquent, d'économiser un homme qui, avec le système ordinaire, est nécessaire pour pousser les brebis. D'autre part, la chaleur dégagée en hiver par les brebis pressées les unes contre les autres et la suppression de toute cause d'excitation pour ces animaux exercent une action favorable sur le rendement en lait.

On habitue, aujourd'hui, les ouvriers à traire et à soubattre alternativement des deux mains et les brebis à rester tranquilles, les jambes de derrière à cheval sur la *seille*, sans qu'on les maintienne de la main gauche. La traite est ainsi plus complète et la fatigue est moindre soit pour les animaux, soit pour les trayeurs.

Dans les bonnes exploitations, on s'efforce de ne pas communiquer au lait l'odeur du suint ou tout autre goût désagréable et d'obtenir un produit aussi propre que possible. Pour cela, ou bien on munit le dessus des *seilles* d'une toile métallique à mailles serrées qui arrête les impuretés les plus volumineuses, ou bien on donne à chaque trayeur une écumoire à manche court qui lui permet d'enlever ces impuretés ; les seilles et les bidons sont soigneusement lavés après chaque traite et exposés à l'air et au soleil. En outre, la queue et les abords de la queue et du pis de la brebis sont tondus au commencement de la saison de la traite (1) ; on donne une litière abondante et souvent renouvelée ; on évite de distribuer des fourrages secs pendant la traite. Le lait sorti de la bergerie, au fur et à mesure de sa production, est tamisé le plus rapidement possible ; enfin, tant pour augmenter la propreté du lait que pour préserver leurs vêtements du fumier et du suint, les trayeurs et les trayeuses revêtent, pour faire la traite, un large pantalon de toile grossière.

RENDEMENT. — Le rendement en lait est très variable suivant les races exploitées, suivant les régions et, surtout, suivant l'abondance et la richesse de l'alimentation. La luzerne et, surtout, le sainfoin, secs ou verts, sont les aliments qui font produire le lait le plus abondant et aussi le plus riche en matière caseuse.

Diverses autres circonstances sont favorables au rendement en lait. Il faut que l'alimentation soit régulièrement soutenue et sans à-coups. Il est essentiel aussi que, dans ses sorties au pâturage, le troupeau marche avec lenteur et soit très doucement mené : lorsque, pour une raison quelconque, à la suite des vivacités d'un chien, par exemple, les brebis sont effrayées et prennent la course, on constate, dès le lendemain, une diminution anormale dans le rendement. On considère comme une circonstance heureuse la proximité des pâturages qui évitent la fatigue. Dans les fermes d'une grande étendue, les par-

____
(1) On appelle cela *soulser* les brebis.

cours les plus éloignés sont , pour cette raison. livrés aux agneaux ou aux moutons.

Une température chaude sans excès , est également très avantageuse : les troupeaux tenus dans des bergeries basses , mal aérées et qui semblent trop chaudes ne paraissent pas incommodés et donnent plus de lait que ceux qui vivent dans des logements très aérés et plus ou moins froids. Les abaissements brusques de température se traduisent instantanément par une diminution de produit. C'est encore pour éviter les inconvénients du froid qu'on ne fait pas parquer les brebis laitières et qu'on retarde la tonte le plus qu'on le peut.

En résumé, le froid, la pluie, le vent, la grêle, les chaleurs torrides, le défaut de qualité des fourrages, l'agitation du troupeau sont préjudiciables à la production laitière.

Les diminutions de rendement provoquées par les causes ci-dessus sont particulièrement regrettables et on doit éviter soigneusement toutes les circonstances de nature à les provoquer : l'abaissement se fait très rapidement , en effet, en un jour, par exemple ; le relèvement est, au contraire, très lent, dure plusieurs jours et quelquefois ne se produit qu'incomplètement (1).

Les brebis donnent, en moyenne, au début de la traite, 500 à 800 grammes de lait par jour ; elles ne dépassent jamais le chiffre maximum de 1 200 grammes. Cette production baisse progressivement et plus ou moins vite, suivant les circonstances, pour devenir nulle vers le mois d'août, fin de la saison.

La production moyenne annuelle d'une brebis est de 60 litres environ (2) ; elle peut s'élever à 80 ou 100 litres et même dépasser ce chiffre dans les bonnes exploitations situées en terrain favorable et peut descendre à 30 ou 35 litres dans les pays pauvres où l'alimentation laisse à désirer (3).

---

(1) M. de Mazarin, propriétaire au Mas de Roquefort, qui produit pendant tout l'hiver du *fromage de Roquefort* dit *de primeur*, a bien voulu nous donner sur le régime suivi par ses brebis quelques notes qui sont la confirmation des règles que nous venons d'énumérer : les brebis mettent bas en août ; leurs agneaux sont vendus en septembre, lorsqu'ils ont 4 semaines environ et pèsent 12 kil. Tant que la température le permet, le troupeau est conduit au pâturage comme tous les troupeaux du pays.

Mais, dès l'apparition des premiers froids, les brebis sont rentrées et strictement soumises à une stabulation permanente. Elles reçoivent, par jour, trois distributions de fourrages secs aussi variés que possible et une de ramilles de frêne ou de peuplier. L'eau des boissons, mélangée d'un peu de farine est distribuée à une température de 25 à 30°. Quant à l'air de la bergerie, il n'est jamais inférieur à 15°. La salubrité du local est assurée par l'enlèvement fréquent du fumier, une abondante litière et une désinfection bimensuelle au moyen d'eau crésylée ; enfin les murs sont blanchis à la chaux trois ou quatre fois par an.

Un pareil régime pousse les brebis à donner une production abondante et *soutenue* qui n'est pas moindre, à la fin de la saison (fin février), de 25 kil. de fromage par brebis. Ce fromage, recherché comme *primeur*, se vend à des prix très sensiblement plus avantageux qu'à la saison habituelle ; il en est de même des agneaux ; quant au rendement de la viande, de la laine et du fumier, ils sont également supérieurs, grâce à la richesse de l'alimentation. Si une pareille spéculation ne peut être faite par tout le monde, car il faut des masses considérables de fourrages artificiels et une surveillance soutenue, sous peine de voir baisser le rendement, elle démontre tout au moins l'importance que jouent dans la production laitière, l'abondance et la variété de l'alimentation, ainsi que la température de l'air ambiant et des boissons.

(2) Exactement 63 litres 19, d'après notre enquête de 1904.

(3) On compte un rendement annuel de 30 à 40 litres par brebis sur les Causses les plus maigres de

Le lait produit par une brebis permet de fabriquer, dans le courant de la saison, 12 à 18 kil. de fromage. Dans certaines bonnes fermes on arrive à un rendement de un *demi-quintal* (1) soit 25 kil. par brebis et l'on considère cela comme un très bon résultat ; on considère même comme excellent d'arriver à faire produire le *quintal* par trois brebis. Nous connaissons toutefois un propriétaire qui, avec un petit troupeau sélectionné et bien nourri de 123 brebis, a obtenu exceptionnellement, une année choisie entre toutes, 4 000 kil. de fromage, soit 32 kil. 500 par brebis (2).

Il faut de 4 litres à 4 litres 1/2 de lait pur de brebis pour fabriquer 1 k. de fromage frais. Dans les meilleures conditions on peut arriver à n'employer que 3 litres 80 (3). D'après les résultats de notre enquête il faut, en moyenne, 4 litres 12 de lait (4) pour faire 1 kil. de fromage frais.

Le rendement moyen des brebis en lait n'a cessé de s'améliorer, au cours des siècles, grâce à la gymnastique fonctionnelle, à la sélection et, surtout, aux progrès de l'alimentation.

Une brebis donnait, vers 1760, d'après Marcorelles (5), la quantité nécessaire à la production d'environ 6 kil. de fromage ; à cette époque les prairies artificielles étaient encore inconnues dans la contrée. L'*Enquête de 1813 sur l'Industrie laitière* (6) indique, pour l'Aveyron, un rendement moyen de 22 litres de lait par brebis, soit à peu près le même rendement en fromage qu'en 1760.

En 1784, d'après Desmarest (7), une brebis du Larzac donnait environ trois quarts de litres de lait par jour, depuis les premiers jours de mai jusqu'à la mi-juillet ; son rendement baissait ensuite.

Vers 1830, le rendement s'élevait, dans les vallées et les bas plateaux du Larzac, d'après Bonhomme (8), à 8 ou 9 kil. de fromage par brebis ; les prairies artificielles étaient déjà généralement cultivées et la sélection des reproducteurs, au point de vue des qualités laitières, commençait à être pratiquée.

Nous avons trouvé, dans certains rapports des délégués de la *Société centrale d'agriculture de l'Aveyron* au *Concours de La Cavalerie* (9), des renseignements quasi-officiels sur le rendement des brebis en fromage depuis un demi-siècle ; ils sont calculés, en effet, au moyen des chiffres relevés sur les *feuilles de cave*, pièce comptable que les éleveurs doivent présenter au jury, d'après le pro-

la Lozère, de 60 litres sur le Larzac, de 80 litres dans le Séveraguais, de 80 à 90 litres dans les environs de Roquefort et de Millau, de 100 litres dans la vallée du Dourdou.

(1) Il s'agit de quintaux de 50 kil.

(2) M. Ph. Cadilhac cite, de son côté (*La race ovine du Larzac*), un cas de production exceptionnelle : 31 kil. 215 de fromage par brebis obtenu, en 1874, avec un petit troupeau de 13 bêtes.

(3) A la fin du xviii⁰ siècle, il fallait, d'après l'abbé Rozier, 100 livres de lait pour faire 20 livres de fromage affiné.

(4) Ce lait est formé de 97.35 °/₀ de lait de brebis, 2 46 °/₀ de lait de vache, 0.19 °/₀ de lait de chèvre.

(5) MARCORELLES. *Mémoire sur le fromage de Roquefort.*

(6) MINISTÈRE DE L'AGRICULTURE. *Enquête sur l'Industrie laitière.*

(7) DESMAREST. *Fromages de Roquefort.*

(8) JULES BONHOMME. *La bergerie.*

(9) *Archives départementales* et *Bull. de la Soc. centr. d'agr. de l'Aveyron.*

gramme ; ces chiffres, représentant la moyenne de plusieurs milliers de brebis appartenant aux exposants de la *race du Larzac,* offrent toute sécurité.

Rendement moyen calculé d'après le rendement des troupeaux	1857	1858	1859	1860	1869	1873	1874	1875	1885
	kilos	kilos	kilos	kilos	kilos	kilos	kilos	kilos	kilos
1º De toute provenance.....	11.54	13.28	13.16	13.25	15.00	15.55	16.13	17.82	17.00
2º Du plateau supérieur.....	»	»	12.49	12.54	»	»	»	13.39	14.58
3º Du plateau intermédiaire.	»	»	12.50	»	»	»	»	20.30	15.93
4º Des vallons seuls........	»	»	16.73	16.42	»	»	»	19.76	20.92

Depuis le développement des laiteries, ce ne sont plus des kilos de fromage que mentionnent les déclarations des concurrents, mais bien des litres de lait. Voici, à titre de renseignement, le rendement des quatre dernières années exprimé en lait :

Rendement moyen calculé d'après le rendement des troupeaux	1901	1902	1903	1904
	litres	litres	litres	litres
1º De toute provenance................	77.25	69.73	79.89	82 05
2º Du plateau supérieur................	60.00	51.58	66.87	63.96
3º Du plateau intermédiaire...........	76.00	73.46	84.90	86 27
4º Des vallons.......................	91.00	88.79	82.90	91 90

Des comparaisons ont été faites, d'autre part, en 1859 et en 1860, entre le rendement moyen des troupeaux de race pure et de race métissée, entre le rendement d'animaux de races différentes vivant dans le même milieu, entre le rendement des grands, des moyens et des petits troupeaux, mais n'ont indiqué aucune différence sensible ; ce résultat semble prouver que l'amélioration de la production est plutôt sous la dépendance du climat, de la richesse de l'alimentation et des soins accordés aux troupeaux que de toute autre cause. D'après les mêmes documents, le rendement minimum observé en 1860 a été de 6 kil. 25 de fromage par brebis et le rendement maximum de 24 kil. 91 au cours de la même année.

Le prix de vente de l'hectolitre de lait varie de 25 à 30 fr. avec des extrêmes de 18 et 34 fr. Les cours du fromage, la réputation de la région et du producteur de lait, l'importance de celui-ci et surtout la concurrence sont les causes qui font varier les prix. D'après les calculs de M. de Barrau (1), le prix de revient de l'hectolitre de lait est de 19 fr. 45.

(1) DE BARRAU. *Prix de revient de l'hectolitre de lait de brebis, dans l'industrie du fromage de Roquefort.*

L'examen des graphiques ci-contre qui nous ont été gracieusement communiqués par M. P. Lebrou, complètera utilement les indications que nous venons de donner sur le rendement en lait et en fromage des brebis. Cette étude a été faite en 1902 avec le lait fourni par le troupeau composé de 110 brebis, *race du Larzac*, du domaine de Nouzet, commune de Saint-Rome-de-Cernon (1).

NATURE ET COMPOSITION DU LAIT DE BREBIS. — « Le lait de brebis est d'une belle couleur blanche, très épais. On boit et on mange en l'absorbant. Il a une saveur de noisette, sent vite et la fumée et le roussi si on l'écrème par l'ébullition, le suint si on néglige les soins de propreté, surtout si la brebis est mouillée au moment de la traite (2) ». Il exige, pour se coaguler, plus de présure que le lait de vache ; la crème monte lentement.

Quoique le fromage de brebis ait plus de saveur que celui de vache, le lait de brebis consommé en nature est moins agréable au goût.

Quant au beurre, il est très blanc, très mou, d'une saveur agréable, fin et délicat lorsqu'il est fait avec soin et avec le beau temps, mais il n'a jamais la fermeté du beurre de vache ; il est peu susceptible de conservation et prend facilement le goût de suint lorsqu'on le produit par les temps de pluie.

Le lait est d'autant plus riche en matière caseuse et d'autant meilleur pour la fromagerie que le régime est plus sec. C'est pour cela que, dans les premiers mois de fabrication pendant lesquels les animaux sont nourris de fourrages secs, et plus tard, en été, lorsque la sécheresse se fait sentir, le lait est d'une qualité supérieure pourvu qu'on ne le laisse pas altérer par la chaleur.

La composition du lait de brebis varie aussi, dans une grande limite, avec la perfection de la traite, la région, la saison, la race, l'individualité, l'âge et l'état physiologique des animaux : Boussingault a montré, pour les vaches, par des analyses nombreuses, que la proportion des matières grasses et de l'extrait augmentent du commencement à la fin de la traite (3); le lait du soir pèse plus que celui du matin ; il est plus pauvre quand les brebis viennent de mettre bas, lorsqu'elles sont malades, vieilles ou mal nourries.

(1) Les dosages limites de la composition du lait fourni par ce troupeau ont donné les résultats suivants :

	Minimum °/₀		Maximum °/₀
Acidité	2,5	à	3,5
Beurre	7,0	à	10,0
Caséine	5,0	à	6,0
Lactose	4,5	à	5,5
Extrait sec	18,0	à	22,0
Cendres	0,9	à	11,0

(2) CH. BLANCARD. *Considérations pratiques sur l'industrie laitière dans la fabrication du fromage de Roquefort.*

(3) Non seulement la traite à fond donne un lait plus abondant et plus riche, mais encore prolonge la durée de la lactation et augmente l'aptitude laitière en améliorant les fonctions.

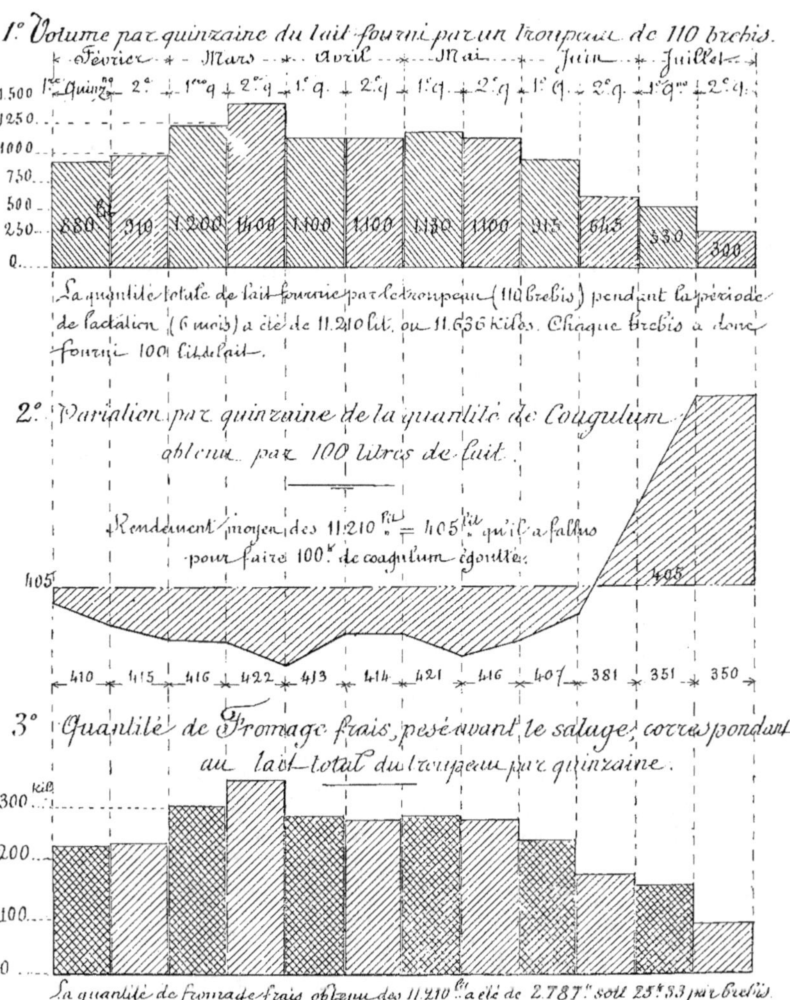

Graphique relatif au rendement des brebis en lait et en fromage
par M. P. Lebrou, Ingénieur E. C. P. (Dessin de M. Revel).

M. Lebrou, ingénieur des Arts et Manufactures à Roquefort, a bien voulu nous communiquer les chiffres suivants qu'il a déterminés à la suite de très nombreuses analyses :

COMPOSITION DU LAIT PAR LITRE	Minimum		Maximum	
Caséine	50	à	80	gr.
Matière grasse	55	à	105	gr.
Lactose	40	à	50	gr.
Sels minéraux	8	à	12	gr.
Eau	760	à	830	gr.

MM. A. Trillat, directeur du service d'analyses à l'Institut Pasteur, et H. Forestier, ingénieur agronome, ont également étudié (1), en 1900, le lait de brebis de la région qui approvisionne Roquefort. Les analyses ont porté sur 171 échantillons prélevés, pendant les mois de février, mars, avril, dans seize laiteries alimentées par le lait provenant de plus de cent bergeries disséminées sur les plateaux et les vallées qui avoisinent Sévérac, la Cavalerie, Saint-Rome-de-Cernon, Tournemire, Roquefort, Saint-Affrique et Camarès. Les auteurs ont tenu compte de la nature du terrain et, autant que possible, des influences qui peuvent modifier la composition du lait : race, âge des animaux, nombre de portées, etc.

Nous relevons dans les tableaux d'analyses de MM. Trillat et Forestier les chiffres extrêmes ci-après.

SUBSTANCES DOSÉES		DOSAGE p. °/₀	DATE ET LIEU DU PRÉLÈVEMENT DE L'ÉCHANTILLON
Extrait :	Max.	22,44	2 avril, chez M. Bertrand, à Lioujas c. de la Loubière (2).
—	Min.	14,82	1er mars, chez M. Galtier, à la Calmette, c. d'Arvieu.
Beurre :	Max.	9,43	2 avril, chez M. Bertrand, à Lioujas.
—	Min.	4,35	17 avril, chez M. Amédée Robert, à Hérousie (Corse).
Lactose :	Max.	5,65	22 mars, chez M. Rouquette, à Lauras, c. de Roquefort.
—	Min.	4,00	24 avril, chez M. X., à Alzon (Gard).
Caséine :	Max.	8,94	19 février, chez M. Guillot, à Riols, c. de Murasson.
—	Min.	2,77	17 avril, chez M. Amédée Robert, à Hérousie (Corse).
Cendres :	Max.	0,16	19 mars, chez M. Castan, à la Plaine, c. de Montlaur
—	Min.	0,79	12 février, laits mélangés du Petit-Toulouse, c. de Montlaur.
Chaux :	Max.	0,32	12 avril, chez M. Geyne, aux Cabrils (Hérault).
—	Min.	0,15	17 avril, chez M. Guintini, à Monticello (Corse).
Acidité :	Max.	15,2	17 avril, chez M. Guintini, à Monticello (Corse).
—	Min.	2,2	15 février, chez M. Ferragut, aux Salles, c. de Lapanouse-de-S.

(1) A. TRILLAT et H. FORESTIER *La composition du lait de brebis (Région du Centre)*.

(2) Toutes les localités pour lesquelles il n'y a pas d'indication de département se trouvent dans l'Aveyron.

« Il est intéressant, concluent MM. Trillat et Forestier, de comparer la composition du lait de brebis avec celle du lait de vache. Ce qui frappe tout d'abord, c'est le poids considérable de l'extrait qui s'élève à 200 grammes par litre, (quelquefois même ce chiffre est dépassé), tandis que le lait de vache, considéré comme très riche, dépasse rarement 150 à 160 grammes. La différence se porte sur la matière grasse et sur la caséine dont les poids par litre atteignent souvent 70 à 80 grammes pour la première et 55 à 70 grammes pour la seconde. »

Montlaur.

La densité, pour un lait frais non écrémé, varie de 1035 à 1044, à la température de 15° C. Dans une même région, toutefois, la variation de la densité est moins grande : au *Levezou*, par exemple la variation de la densité, pendant la période de lactation, sera de 1035 à 1038, au *Larzac* de 1037 à 1041. Ces chiffres n'ont rien d'absolu, mais se rapprochent néanmoins beaucoup de la vérité.

Malgré les variations du régime alimentaire des brebis, on ne peut jamais arriver à faire varier la densité d'un jour à l'autre de plus de 1 degré, de 1038 à 1037, par exemple.

La densité minima observée chez les producteurs, au moment de la traite, depuis 1892 jusqu'à 1904, par les agents de la *Société des Caves et des Producteurs réunis*, n'a jamais été inférieure à 1035 à 15° C.

CONTROLE DU LAIT. — Il n'existe aucune proportionnalité entre les divers éléments du lait ; aussi les fraudes ne sont-elles pas toujours faciles à révéler D'ailleurs, sans frauder, à proprement parler, les producteurs qui vendent du lait à des fromageries, n'ayant pas à se préoccuper de la fabrication, font tous leurs efforts pour augmenter la quantité et se soucient peu de la richesse. Ils donnent, dans ce but, une alimentation plus aqueuse que par le passé, des herbes fraîches au printemps, des breuvages avec des farines en hiver.

On est parvenu, par ce régime spécial, à accroître d'un quart, dans certaines régions, le rendement en lait, sans avoir augmenté sensiblement la production totale de caséine ; il est reconnu qu'en dehors des additions d'eau volontaires ou accidentelles le rendement des laits en caillé devient plus faible d'année en année.

Enfin, sans être fraudé, le lait, s'il n'a pas été proprement tenu peut être altéré par le développement dans sa masse de microbes divers qui attaquent quelques uns de ses éléments, le *lactose* en particulier et changent plus ou moins rapidement sa nature.

En dehors des microbes pathogènes tels que celui de la *tuberculose*, qui peut, dans certains cas, passer directement de la mamelle même des animaux malades dans le lait et qu'il convient, pour ce motif, d'écarter soigneusement de la production, le lait sain est guetté, dès son arrivée à l'air, à partir du moment même de la traite (1), par des bactéries qui existent partout dans la nature, dans l'atmosphère, sur les parois des récipients où le lait est recueilli, sur les mamelles et dans la laine des brebis, sur les mains et les vêtements des trayeurs, dans les fourrages, dans les fumiers et les litières, dans les détritus de toute sorte. De tous ces microbes, les *ferments lactiques* sont les plus connus et les plus répandus.

Tous ces infiniment petits, arrivant dans un liquide richement constitué comme le lait, ne tardent pas à s'y multiplier avec une grande rapidité en se nourrissant de ses éléments ; le sucre du lait est le premier attaqué et donne, comme produits de sa transformation, deux corps nouveaux, l'*acide lactique* et l'*acide carbonique*, qui rendent difficile la préparation du fromage, diminuent dans une grande mesure son rendement et sa qualité et peuvent même provoquer la coagulation du lait si leur proportion est trop élevée ; les gaz de fermentation (gaz carbonique, hydrogène) font boursoufler le fromage.

La multiplication de ces microbes est d'autant plus rapide et leurs méfaits sont d'autant plus grands que leur ensemencement, pendant la traite et les manipulations qui suivent, a été plus important, que la température du lait (2)

----

(1) Dans une mamelle absolument saine, le lait est privé de microbes, comme l'a démontré Pasteur, et on peut le recueillir en cet état, soit en allant le chercher directement dans la glande mammaire au moyen d'une canule stérilisée, soit en prenant de minutieuses précautions antiseptiques pour faire la traite.

(2) L'écrémage du soir est généralement prohibé par les polices, non seulement parce que la richesse du lait est diminuée, mais encore parce que pour écrémer on chauffe et qu'on élève ainsi la température du lait à un point peu favorable à sa conservation.

et la température extérieure sont plus élevées, enfin, qu'un temps plus long s'écoule entre le moment de la traite et celui de la transformation du lait.

Le lait produit en hiver est moins envahi par les ferments et, par suite, plus pur et plus propre qu'en été. Son altération précipitée n'est donc pas à craindre et on a tout le temps voulu pour le traiter.

C'est dans le but de diminuer le développement des mauvais ferments et l'altération du lait qui en est la conséquence que les agriculteurs soigneux prennent, au cours de la traite et du transport du lait, les précautions et les soins de propreté que nous avons indiqués précédemment ; c'est dans le même but que nous préconisons (voir chap. XI, *Améliorations à réaliser*), certaines pratiques qui ne sont pas encore en usage dans les pays producteurs de *roquefort* et qui devraient y être adoptées parce qu'elles donnent, dans d'autres régions, les meilleurs résultats.

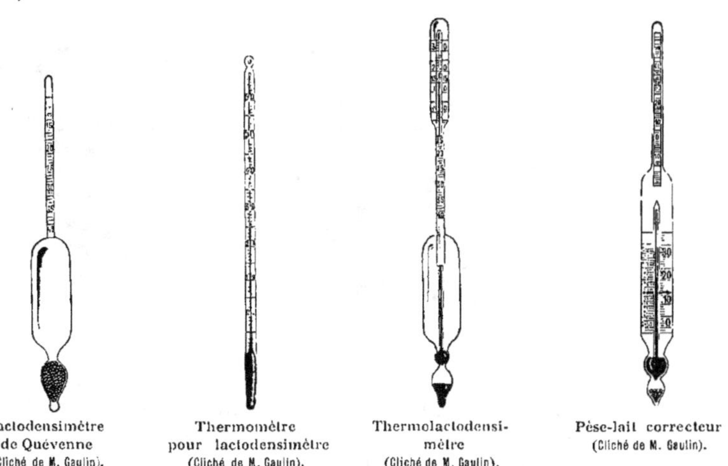

Lactodensimètre
de Quévenne
(Cliché de M. Gaulin).

Thermomètre
pour lactodensimètre
(Cliché de M. Gaulin).

Thermolactodensi-
mètre
(Cliché de M. Gaulin).

Pèse-lait correcteur
(Cliché de M. Gaulin).

Les acheteurs de lait seraient désarmés s'ils n'avaient aucun moyen de contrôle. Les appréciations qu'ils peuvent formuler, grâce à l'examen des caractères (extérieurs épaisseur, consistance, transparence, densité, odeur, couleur, goût) quoique susceptibles de leur rendre service dans la pratique, sont insuffisantes pour les fixer complètement.

Le *contrôle du lait*, qui peut-être pratiqué au moyen d'appareils très simples, permet heureusement aux acheteurs de se rendre facilement et rapidement compte de la qualité des laits qui leur sont fournis.

Le *thermolactodensimètre* révèle les additions d'eau ou les soustractions de crème ; cet appareil est basé sur l'observation de la densité avec des tables de correction d'après la température relevée. Ces tables de correction ne doivent pas être les mêmes pour le lait de brebis que pour le lait de vache : M. Lebrou a établi, dès 1899, à la suite de nombreux essais, que, tandis que pour le lait de vache la densité varie de 1 par 2 degrés de température, elle varie de 1 par 3 degrés de température pour le lait de brebis. Ces données qui, pratiquement, rendent service pour le contrôle rapide des laits n'ont cependant rien d'absolu.

Mais le *thermolactodensimètre* ne peut fournir des indications utiles que si on emploie concurremment avec lui le *crémomètre* pour le dosage de la crème (1). L'addition d'eau abaisse en effet la densité, mais l'écrémage la relève ; de sorte que les deux opérations se neutralisant parfois, on n'a aucune certitude tant qu'on n'est pas fixé sur la teneur en crème.

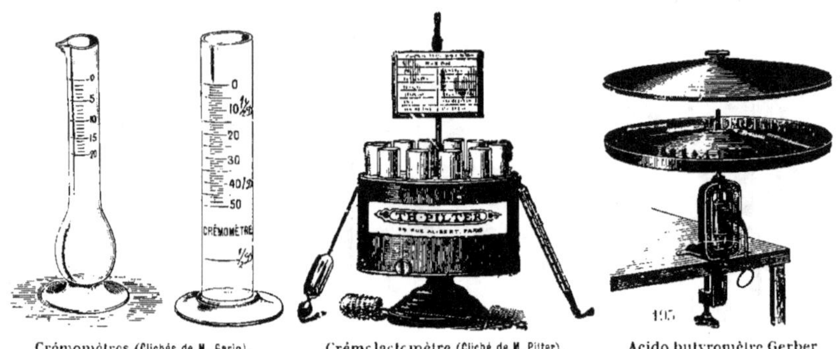

Crémomètres (Clichés de M. Garin).   Crémolactomètre (Cliché de M. Pitter).   Acido butyromètre Gerber
(Cliché de M. Simon).

L'*acidimètre* donne de précieux renseignements sur la propreté et le degré de conservation du lait, ainsi que sur l'état de santé des animaux laitiers et permet de prendre avec précision et d'une façon suffisamment rapide le degré d'acidité d'un lait, quoique cette acidité ne soit pas encore appréciable au goût. L'*acidimètre* permet aussi, d'après M. Dornic (2), de reconnaitre s'il y a eu addition d'eau, l'acidité tombant *rapidement* et d'autant plus que la proportion d'eau ajoutée est plus grande.

Dans le contrôle journalier, on se sert d'une méthode plus simple, mais aussi moins précise, basée sur les changements de couleur du lait en présence d'une *solution alcoolique d'alizarine* : la couleur est *chocolat rosé* avec un bon lait, *jaune* avec un lait suffisamment acide pour être refusé, *violette* avec un lait provenant de brebis malades. Cette méthode est très expéditive : il suffit, en

(1) Pour le lait de vache on divise par 3 la teneur en crème pour avoir le °/. de beurre ; pour le lait de brebis, d'après M. Lebrou, c'est 2, 5 au lieu de 3 qu'il faut prendre comme diviseur.
(2) PIERRE DORNIC. *La fabrication du beurre et le contrôle des laits.* (*Recherches des fraudes.*)

effet, de remplir aux trois quarts de lait un tube à essai d'ajouter un peu
de solution d'alizarine et d'agiter pour observer les changements de couleur.

Nous n'entreprendrons pas de donner ici la description technique des opérations de contrôle du lait ; cela nous entraînerait trop loin. Nous nous borne-
rons à indiquer que des études fort bien faites sur cette question et sur la recherche des fraudes ont été publiées par M. Dornic dont nous citons en bi-
bliographie les ouvrages que nous avons eus entre les mains.

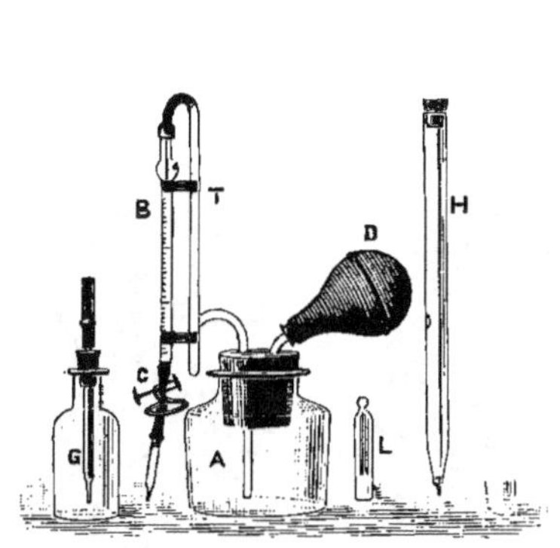

Acidimètre Dornic (Cliché de M. Pilter).

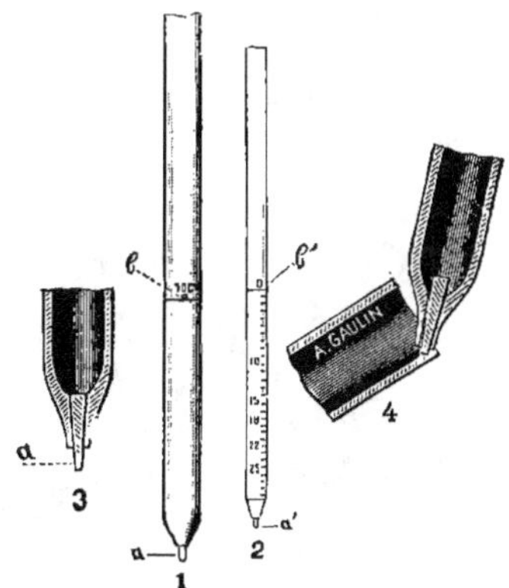

Acidimètre Martin (Cliché de M. Gaulin).

Disons aussi que M. Forestier, ingénieur-agronome de la *Société des Caves
et Producteurs réunis*, a fait établir, pour l'usage des contrôleurs de cette société, une *trousse* portative du poids de 1100 gr. environ contenant les trois
appareils nécessaires au contrôle (thermolactodensimètre, butyromètre, acidimètre) (1) ainsi que les accessoires et produits nécessaires pour le service de
ces appareils.

Malgré l'utilité incontestable du contrôle du lait et les efforts constants que
nous avons faits depuis 7 à 8 ans pour le faire entrer dans la pratique, les
propriétaires de laiteries commencent à peine timidement à organiser ce service
qui est cependant susceptible de leur rendre de très grands services. Ils savent
cependant qu'il suffit de mélanger un bidon de lait sale ou altéré à un cuvier de lait sain pour introduire dans celui-ci un mauvais levain qui a vite
fait de l'altérer à son tour et de le rendre impropre à une bonne fabrication.
Ils n'ignorent pas, d'autre part, que la fraude résultant de l'écrémage ou de
l'addition d'eau ou des deux opérations réunies leur cause de plus en plus de
très graves préjudices.

(1) L'acidimètre contenu dans la trousse de M. Forestier et imaginé par lui est le modèle le plus réduit
que nous connaissions et ne tient aucune place.

Si le progrès n'a pas marché, à ce point de vue, aussi vite qu'on aurait pu le désirer, cela tient surtout à la concurrence excessive qui pousse les industriels de Roquefort à *s'arracher* le lait dans les centres de production et à l'accepter sans se préoccuper suffisamment de sa qualité, sans se dire assez qu'avec une matière première qui n'est pas irréprochable, la qualité des produits ne peut manquer de laisser à désirer (1).

C'est pour des raisons de même nature — concurrence excessive — que les négociants de Roquefort ne sont pas encore arrivés, comme cela se fait dans d'autres pays d'industrie laitière, à payer le lait d'après sa teneur en caséine et en matière grasse et qu'ils continuent à l'acheter au volume, ce qui est très regrettable au point de vue de l'équité.

Bidons ou pots à lait (Clichés de M. Pliter).

TRANSPORT ET RÉCEPTION DU LAIT. — Les propriétaires de laiteries achètent le lait aux producteurs par des traités dont la durée varie de 1 à 6 ans ; les contrats à court terme sont, à l'heure actuelle, les plus usités. Les marchés peuvent être conclus toute l'année ; toutefois, c'est principalement à la veille de la saison de la traite que les achats sont faits avec le plus d'activité.

Les gros fermiers qui obtiennent une quantité de lait suffisante pour donner lieu à un transport spécial, ainsi que les petits producteurs de la

(1) Disons cependant qu'un syndicat a été constitué en 1903, entre tous les négociants de Roquefort, pour lutter contre la fraude des laits. Aux termes des statuts, tout producteur de lait convaincu de fraude peut être mis à l'index pendant cinq ans consécutifs, sur une simple décision du Bureau du syndicat, et les négociants associés s'interdisent formellement, sous peine d'une amende de 1 000 fr., d'acheter le lait ou le fromage des producteurs exclus ; d'autre part, des poursuites judiciaires peuvent être dirigées, aux frais du syndicat, contre les fraudeurs. Sont considérés comme fraudés : les laits de brebis additionnés d'eau, de matières étrangères, de lait de vache ou de chèvre, les laits écrémés de quelque manière que ce soit, les laits conservés d'un jour à l'autre, les laits chauffés, les laits malpropres. S'il fonctionnait normalement, ce syndicat ne pourrait que concourir d'une manière très efficace à la bonne tenue du lait et, par suite, à la bonne qualité et au bon renom du *roquefort*.

localité, apportent eux-mêmes, tous les jours, dans des bidons (1), le produit de la traite du matin mélangé avec celui de la veille au soir. Parfois plusieurs voisins s'entendent pour transporter le lait à tour de rôle.

Quant aux producteurs éloignés, qui récoltent seulement quelques bidons par jour, ils ne pourraient pas écouler leur lait en nature s'ils étaient tenus à le transporter eux-mêmes : les frais de route auraient vite fait d'absorber les bénéfices.

Transport du lait par les ramasseurs.

C'est pourquoi un certain nombre de *ramasseurs* parcourent, tous les matins, avec une jardinière, un rayon déterminé et récoltent en route tout le lait des fermes éloignées. Certains d'entre eux arrivent ainsi à transporter, au fort de la saison, jusqu'à 10 ou 12 hectolitres de lait par jour et reçoivent, en moyenne, 1 fr. par hectolitre. Toutefois, quelques-uns sont payés à forfait.

Ce lait est mesuré, au moment de la réception, et placé, autant que possible, dans des bidons différents pour chaque propriétaire. Les chiffres sont

(1) Les bidons dont on se sert sont souvent fournis par la laiterie : ceux que l'on fabrique actuellement sont simples, faciles à nettoyer, ferment hermétiquement et sont d'une manipulation facile. Les constructeurs spéciaux se sont attachés de plus en plus à supprimer les anfractuosités et les joints mal faits inaccessibles à la brosse dans lesquels les saletés peuvent se loger.

notés sur deux *livrets* spéciaux qui se trouvent l'un entre les mains du producteur, l'autre entre les mains du *ramasseur*.

Arrivé devant la *laiterie*, le *ramasseur* dépose à terre tous les bidons recueillis ; il aide aussi à les transporter dans la salle de réception, à les déboucher et à en verser le contenu dans les cuviers.

Le *ramasseur* fait reconnaître le lait qu'il a transporté ; puis les chiffres du livret sont consignés sur le *livre-journal* : chaque page de ce registre est établie de telle sorte que l'on peut noter commodément et mettre en regard pour chaque propriétaire les quantités de lait fournies dans une même semaine. Nous donnons ci-dessous un modèle de cette disposition.

LIVRE-JOURNAL

NOMS ET DOMICILES	LAIT reçu 1er mai		LAIT reçu 2 mai		LAIT reçu 3 mai		LAIT reçu 4 mai		LAIT reçu 5 mai		LAIT reçu 6 mai		LAIT reçu 7 mai		TOTAL du lait reçu dans la semaine	
	brebis	vache	brebis	vache	brebis	vache	brebis	vache	brebis	vache	brebis	vache	brebis	vache	brebis	vache
M. A., pre à X.	9	»	10	»	10	»	11	»	10	»	11	»	9	»	69	»
M. B., pre à Y.	110	20	115	23	114	22	116	25	115	26	118	25	120	26	812	167
M. C., pre à V.	»	10	»	11	»	10	»	11	»	12	»	11	»	12	»	77
. . . .	»	»	»	»	»	»	»	»	»	»	»	»	»	»	»	»
Total ...	»	»	»	»	»	»	»	»	»	»	»	»	»	»	»	»

Tous les soirs, les chiffres intéressant chaque propriétaire sont reportés sur le grand-livre qui affecte les dispositions suivantes :

GRAND-LIVRE. — M. X... à Y...

DATES 1895	LAIT reçu Février		LAIT reçu Mars		LAIT reçu Avril		LAIT reçu Mai		LAIT reçu Juin		LAIT reçu Juillet		LAIT reçu Août	
	brebis	vache	brebis	vache	brebis	vache	brebis	vache	brebis	vache	brebis	vache	brebis	vache
1														
2														
3														
...														
30														
31														
Total....														

Tous les quinze jours, on collationne les chiffres des différents livrets avec ceux du grand-livre.

Tous les mois, on totalise sur le grand-livre. Les propriétaires reçoivent plusieurs acomptes, parfois même des avances au cours de la saison.

Comme, à son arrivée à la laiterie, le lait de tous les producteurs est mélangé dans une cuve commune, il serait facile aux fraudeurs de passer inaperçus si l'on ne prenait quelques dispositions pour se mettre à l'abri de la tromperie.

Déchargement du lait à la laiterie.

Tout d'abord, les contrats de vente mentionnent certaines garanties comme l'indique le modèle suivant :

Je soussigné, X..., déclare avoir vendu à M. Y..., propriétaire de la laiterie de..., mon lait de brebis de la présente année, au prix de 28 fr., et mon lait de vache, au prix de 13 fr. l'hectolitre. Le lait sera reçu et mesuré à L.....

Les livraisons seront faites tous les matins, traite du soir et traite du matin réunies (1). Le lait est vendu garanti pur, tel qu'il sort du pis de la brebis et du pis de la vache. En cas d'additions ou de falsifications quelconques, constatées, soit par témoins, soit par expertise, je me reconnais passible, envers l'acheteur, d'une

____

(1) Certaines polices prévoient la livraison séparée des laits de brebis, de vache et de chèvre, ainsi que des laits de différentes traites et considèrent comme une fraude le mélange de ces diverses catégories.

amende de 300 fr. pour chaque contravention, sans préjudice des peines correction-
nelles que la loi édicte en pareille matière. Le lait aigre, sale ou malpropre pourra
être refusé.

Je déclare que mon troupeau laitier se compose de 150 brebis et de 1 vache, et
je m'interdis formellement de diminuer le nombre de mes brebis de plus de 1/5 et
d'augmenter le nombre de mes vaches laitières sans l'autorisation écrite de l'acheteur.

Je m'engage à laisser pénétrer sans difficulté, dans ma bergerie et dans ma maison, M. Y. ou ses représentants pour leur permettre de vérifier la traite et la tenue
du lait.

Un litre p. 100 à déduire lors du règlement.

Je reconnais avoir reçu la somme de... en acompte sur les livraisons.

Réserves : J'aurai le droit de reprendre 40 °/o du petit-lait (1).

Fait en double, à Roquefort, le........ 1905.

Afin que les conventions de cette déclaration ne restent pas lettre morte,
des agents spéciaux que l'on appelle *contrôleurs* ou *inspecteurs* partent tous les
matins en tournée, arrivent à l'improviste, tantôt dans une laiterie, tantôt
dans l'autre, tantôt chez un producteur, tantôt chez l'autre, s'assurent que la
traite est faite convenablement, que les bergeries sont proprement tenues,
qu'elles contiennent exactement le nombre d'animaux déclarés, que le lait est
tamisé et livré tous les matins (traite du matin et traite de la veille réunies),
qu'on ne le garde pas un jour de plus pour le faire crémer.

Les *contrôleurs*, anciens laitiers pour la plupart et pouvant, par suite, donner d'utiles conseils techniques, représentent le chef de la maison dont ils
exécutent les ordres et sont chargés de la surveillance générale des laiteries et
de la recherche de la fraude ; ils reçoivent quelquefois la moitié, quelquefois
la totalité du produit des amendes qu'ils appliquent. Toutefois, certains négociants voulant éviter d'encourager, par l'appât du gain, la sévérité excessive de
leurs agents et des vexations qui pourraient leur aliéner les producteurs, ne
donnent pas de prime à leurs *contrôleurs*, pour les fraudes constatées, mais
simplement un traitement fixe.

A la laiterie, tout lait douteux est emprésuré à part, après prélèvement
préalable d'un échantillon. Si la proportion ou la qualité du fromage obtenu
ne sont pas exactement ce qu'elles devraient être, l'*inspecteur* assiste à la
traite du lendemain chez le producteur soupçonné de fraude, en se faisant ac-
compagner, s'il y a lieu, d'un huissier, au cas où on lui refuserait la porte, et
prélève, dans les formes prescrites, un échantillon pour la vérification et l'analyse. On poursuit les vendeurs convaincus de fraude et l'on exige impitoyable-
ment l'amende encourue. Un récent jugement du tribunal de Rodez (2) démon-

---

(1) Certaines polices proscrivent, en outre, l'emploi du petit-lait et du tourteau dans l'alimentation des
brebis laitières et fixent les dates extrêmes d'ouverture et de fermeture des laiteries.
(2) 24 juin 1904.

tre, par sa sévérité, que la justice est disposée, avec juste raison, à sévir contre les fraudeurs.

Les *inspecteurs* font bien aussi quelques essais de lait au moyen du *thermolactodensimètre*, du *crémomètre* et de *l'acidimètre* dont nous avons parlé plus haut, mais pas suffisamment, à notre avis, pour assurer un *contrôle rigoureux*. Quelques-uns se bornent à employer le premier de ces appareils et

Transport du lait à la laiterie.

n'apprécient pas à leur juste valeur les utiles indications que pourraient leur procurer les deux autres.

Et cependant, la parfaite qualité des laits étant la première condition d'une bonne fabrication et devant, par suite, influer sur le maintien ou même sur l'accroissement de la vieille réputation du *roquefort*, tous ceux qui vivent de ce produit, non seulement les industriels, mais encore les producteurs honnêtes et soigneux sont intéressés à ce que le contrôle soit bien fait. Seuls les fraudeurs et les négligents peuvent y perdre quelque chose et se déclarer les adversaires des mesures prises pour assurer la qualité du lait; mais les fraudeurs, qui lèsent les intérêts de tous, sont peu intéressants et personne ne les plaindra ni ne les soutiendra.

Château et ferme de Nonenque.

VI

PRÉPARATION DU FROMAGE A LA FERME

ADIS, chaque producteur de lait fabriquait lui-même son fromage. Aujourd'hui encore, malgré la multiplication rapide des laiteries, quelques-uns continuent les anciennes traditions ; mais leur nombre restreint va décroissant d'année en année. Nous devons cependant indiquer, en peu de mots, quels sont les procédés employés à la ferme.

Le lait de la traite du soir est filtré à travers un linge et chauffé dans un chaudron à un degré un peu inférieur au point d'ébullition. On le répartit ensuite dans des vases plats pour faciliter l'ascension de la crème. Le lendemain, le lait de la traite du matin est mélangé, après avoir été filtré, au lait de la veille que l'on a préalablement écrémé. Cet écrémage partiel, s'il n'est pas exagéré, ne nuit pas sensiblement à la qualité du fromage et facilite l'écoulement du petit-lait. Sans lui, la pâte, qui doit être blanche et légère, serait jaunâtre compacte et dense comme de la colle. Par contre, un lait trop écrémé donne une pâte sèche, sans adhérence et sans saveur.

Puis, on élève la température du mélange entre 24° et 28°, le plus souvent au *juger*, et l'on verse une dose de présure liquide qui varie avec la quantité et la nature du lait (vache ou brebis), la saison, la température, la nature de l'alimentation, etc. Après un brassage préalable, on abandonne la masse à elle-même, pendant deux heures environ, pour permettre la coagulation. On utilise presque partout, aujourd'hui, des présures liquides du commerce (Boll, Jeanneau, Fabre, etc.) ; on a abandonné complètement l'usage des présures confectionnées à la ferme avec des caillettes d'agneau ; celles-ci seraient néanmoins excellentes si l'on possédait le moyen de les titrer régulièrement (1).

Brise-caillé à lames verticales (Cliché de M. Pilter).

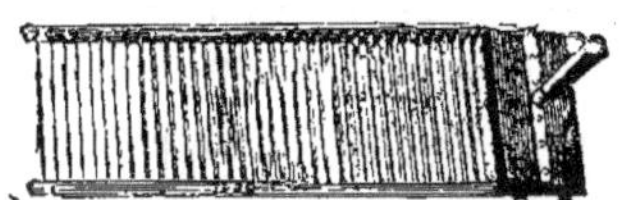

Brise-caillé à lames horizontales (Cliché de M. Pilter).

Quand le lait est pris, on rompt le caillé, au moyen d'une grande écumoire ou d'un brise-caillé dont la forme varie avec les régions. Cette opération doit être faite avec beaucoup de soin et surtout très lentement.

On enlève une partie du petit-lait mis en liberté avec une casserole ou une grande cuiller ; puis on presse le caillé avec des moules vides dont on recouvre toute la surface. Sous l'influence de cette pression lente et légère, le petit-lait se sépare peu à peu et on l'enlève, au fur et à mesure de son appa-

(1) Avant l'adoption des présures du commerce, on préparait la présure de la manière suivante : On faisait infuser, pendant 4 ou 5 jours, dans un litre d'eau ou de petit-lait, une caillette sèche d'agneau ou de chevreau. On préparait assez de présure pour une quinzaine de jours ; pendant les chaleurs on la renouvelait plus souvent et on l'additionnait, tous les quatre jours, d'un peu d'eau salée pour l'empêcher d'aigrir. On employait environ une cuillerée de présure pour 50 litres de lait, un peu plus ou un peu moins suivant l'expérience et les conditions indiquées ci-dessus.

Dans un article intitulé : *La fabrication du fromage bleu*, M. Friant décrit de la façon suivante un bon procédé de préparation de la présure : « Pour faire la présure, on doit choisir des peaux de caillette de grandeur moyenne, provenant de veaux n'ayant pas ruminé et qui, en conséquence, n'ont mangé que du lait. Si on veut bien conserver cette peau, on la vide et on la rince à l'eau froide sans la laisser baigner, car l'eau dissoudrait une partie des meilleurs ferments : on la souffle et on la suspend pour la faire sécher au courant d'air et non près du feu. Une peau ainsi préparée peut se conserver un an et même plus si on a soin de la mettre, après dessiccation, dans un endroit propre et sec. Au moment de s'en servir, il faut absolument couper les extrémités ou *cornets* qui renferment de mauvais ferments. Il faut enlever également tous les filaments graisseux ou veineux qui ne sont autre chose que du suif ou du sang desséché. On prend une partie de cette peau de caillette qu'on laisse macérer dans la recuite vingt-quatre heures environ, trente six heures au plus. Tous les ingrédients qu'on pourrait y ajouter sont nuisibles, sauf une pincée de sel. On filtre cette présure et il ne faut la conserver que trois jours au plus en été, huit jours au plus en hiver Il y aurait même avantage à se servir chaque jour de présure préparée la veille. »

rition dans les moules (1), jusqu'à ce que la plus grande partie ait été éliminée.

Les moules mesurent environ 20 centimètres de diamètre sur 9 de hauteur. Ils sont en terre vernie ou en tôle et percés de trous.

Pour le remplissage, on procède de la manière suivante : on découpe dans le tas, au moyen d'une écumoire à manche court, une tranche de caillé de 4 centimètres environ d'épaisseur ; on la pétrit dans le fond du moule et on la saupoudre légèrement de poudre de pain moisi, que l'on fait pénétrer avec les doigts. Une seconde tranche de pareille épaisseur est pétrie sur la première, de la même façon que celle-ci, et saupoudrée également de poudre de pain moisi. Enfin, une troisième et dernière tranche recouvre le tout et dépasse les bords du moule de quelques centimètres pour s'affaisser plus tard après l'égouttement du petit-lait.

La poudre de pain moisi que l'on introduit ainsi dans le caillé est destinée à ensemencer le fromage de *Penicillium glaucum*, petit champignon qui, en se développant, formera les veines bleues ou *persillé* que l'on recherche dans le *roquefort*.

Le *Penicillium glaucum* « se compose d'un mycelium rameux qui s'enfonce dans les profondeurs du milieu nutritif et qui est l'organe végétatif par excellence. De ce mycelium partent, pour s'élever verticalement dans l'air, des filaments rameux qui sont les organes de fructification. Chacun d'eux se termine par un certain nombre de doigts de gant, rangés en corymbe dont les extrémités se transforment sans cesse en se cloisonnant en petites sphérules qui sont les spores. Ces spores forment, par suite, un chapelet dont les grains extérieurs sont les plus vieux et se détachent sans cesse pour aller s'implanter ailleurs et y reproduire une plante nouvelle. La plante est très fertile et n'est pas difficile sur ses conditions d'existence. Aussi est-elle très répandue. On pourrait, à la rigueur, se dispenser de l'ensemencer dans la fabrication du *roquefort ;* mais le résultat est plus assuré et l'opération plus régulière quand on ensemence » (2) Toutefois, le pain moisi doit être introduit avec mesure et convenablement réparti dans la masse du fromage (3).

---

(1) Au milieu du xviiie siècle, d'après le récit de Marcorelles (*Mémoire sur le fromage de Roquefort*), la manipulation était un peu différente, après la coagulation du lait : « Alors, dit cet auteur, une femme se lave les bras et les plonge dans le caillé qu'elle tourne sans interruption, jusqu'à ce qu'il soit entièrement brouillé ; elle les met ensuite en croix et applique ses mains sur une portion de la surface du caillé en le pressant un peu vers le fond de la chaudière. Elle en fait successivement de même sur tout le reste de la surface, pendant l'espace de trois quarts d'heure et le caillé se trouve pris de nouveau ; il forme une masse de la figure d'un pain et se précipite dans le fond de la chaudière que deux femmes lèvent, pour lors, afin de verser avec adresse, dans un autre vase, le petit-lait. » En commentant ce passage, en 1862 (*Bull. de la Soc. d'Agr. de l'Aveyron*), Bonhomme déclare que cette opération ne se fait plus avec les mains, mais avec une écumoire comme de nos jours : « lorsqu'on se servait des mains, dit-il, il tombait dans le caillé des gouttes de sueur qui faisaient des taches dans la pâte des fromages. »

(2) E. DUCLAUX. *Principes de laiterie.*

(3) Les mémoires des anciens auteurs, Marcorelles (1760), l'abbé Rozier (1786), etc., qui traitent de la préparation du *roquefort*, sont muets sur l'introduction de la poudre de pain moisi. On n'a guère com-

Cette poudre est produite par les industriels de Roquefort qui la livrent gratuitement aux agriculteurs ; elle vaut 3 fr. le kil. Pour la fabriquer, on fait, avec de la farine de froment et de la farine de seigle mélangées dans la proportion de $^2/_1$, une pâte avec beaucoup de levain que l'on acidule avec du vinaigre (1 litre par balle) et que l'on fait fortement cuire au four. Il importe que la croûte ne soit pas percée pour que la moisissure vienne bien à l'intérieur. On met ensuite les pains, de champ, à moisir dans une cave obscure contenant déjà d'autres pains en voie de se moisir ; les meilleures conditions sont : + 12° C et 85° hygrométriques environ. Au bout d'un mois et demi, le champignon a envahi toute la masse. Les pains s'échauffent à l'intérieur et il en résulte une évaporation qui, à elle seule, produit un déchet de 25 %. Il ne reste plus qu'à couper en morceaux, sécher à 30° environ,

Moule pour *roquefort* (Cliché de M. Garin).

Écumoires à manche court (Cliché de M. Gaulin).

broyer et bluter les pains débarrassés de la croûte sur une épaisseur de 1 cm. (1), pour obtenir une poudre verdâtre très riche en spores de *Penicillium*, mais contenant aussi de nombreuses impuretés : *Aspergillus*, *Mucors*, etc.

On n'obtient guère plus de 15 kil. de belle poudre par 100 kil. de farine; si on arrive à 20 kil., cela tient à ce que le tamis, insuffisamment fin, laisse passer de la mie non moisie.

Les moules, à mesure qu'ils sont remplis, sont portés dans le *trennel*, sorte de grand coffre en bois dans lequel on maintient une température de 18 à 20° au moyen de braise ou mieux d'eau chaude; cette chaleur douce favorise la sortie du petit-lait. Le fond du trennel est légèrement en pente et sillonné de rainures pour l'égouttement de ce sous-produit (2).

Pendant les deux ou trois jours qui suivent, on retourne les fromages dans

mencé à pratiquer cet ensemencement que dans la première moitié du xix° siècle. Girou de Buzareingues (1830), dit que le fromage ne deviendrait de lui-même bleu et persillé qu'après cinq ou six mois de cave et que, pour lui faire acquérir plus promptement cette couleur, on fait un fréquent usage de pain moisi en poudre. En 1851, d'après Limousin-Lamothe, on n'en introduisait pas dans les fromages de qualité supérieure, si ce n'est au commencement de la saison. Aujourd'hui on l'emploie indistinctement dans toutes les qualités de fromage.

(1) Cette croûte est utilisée pour l'alimentation des porcs et des volailles.

(2) Autrefois, s'il faut en croire Marcorelles (1760), Desmarest (1784) et l'abbé Rozier (1786), on plaçait, pendant 12 heures, les fromages sous une presse dans des *moules en bois de chêne*, — les moules en terre commençaient à peine à être utilisés à la fin du xviii° siècle — en les retournant toutes les heures. Après quoi on les ceignait d'une grosse toile pour les porter au séchoir. Le poids des fromages variait de 2 à 40 livres. Aujourd'hui, les formes sont simplement égouttées et non pressées; leurs dimensions, résultant de celles des moules dont nous avons parlé ci-dessus, sont uniformes.

leurs moules trois fois par jour et on les lave, à l'eau froide l'été, à l'eau chaude l'hiver, au moins une fois par jour. Lorsqu'ils ne laissent plus écouler de petit-lait, on les porte dans une cave où ils attendent, en prenant de la consistance, leur transport à Roquefort.

La cave doit être sèche et fraîche, exposée au nord et percée d'ouvertures suffisantes pour permettre la circulation de l'air ; ses fenêtres sont munies de châssis recouverts de toile métallique pour empêcher l'entrée des mouches ; son

Porcherie (Photographie de M. E. Marre).

pourtour est garni de tablettes couvertes de linges propres sur lesquels on dépose les fromages à mesure qu'ils sortent du *frennel*. On les retourne matin et soir.

Le transport à Roquefort est fait une ou deux fois par semaine, suivant la saison, l'importance de la production, la durée du trajet, etc. Les fromages voyagent dans des *jardinières*, s'il s'agit d'une petite distance, ou bien dans des *gagets*, sortes d'emballages en bois, que l'on empile sur des charrettes, ou dans des wagons de marchandise s'il s'agit d'une grande quantité et d'une longue route. On fait voyager la nuit pour éviter l'échauffement.

Les petits producteurs éloignés des caves vendent leurs fromages à des *ramasseurs* qui les revendent, à leur tour, aux industriels de Roquefort.

Les fromages pèsent, à ce moment, 2 kil. 500 environ. Ils sont payés aux producteurs au prix moyen de 100 à 140 fr. les 100 kilos.

Des marchés entre les industriels et les producteurs sont signés au commencement de la saison, vers les mois de janvier ou février, et les grandes Sociétés de Roquefort font, après cela, des avances de fonds aux producteurs, en attendant le règlement définitif.

Le petit-lait qui s'écoule du caillé, au cours de la fabrication, est un liquide jaune citron à peu près limpide, à goût légèrement sucré. Il constitue environ la moitié du volume du lait traité et renferme, comme produits utiles, une petite proportion de caséine non précipitée par la présure, du beurre et du lactose. On n'a pas songé à retirer le lactose de ce liquide; mais on recueille quelquefois la caséine et le beurre.

Dans le premier cas, le petit-lait est chauffé à 70° environ, dans une chaudière ; à mesure que l'on chauffe, le liquide produit tout d'abord une mousse blanche que l'on supprime avec une écumoire ; un peu plus tard, la caséine, précipitée par la chaleur, se forme à son tour et s'élève à la surface où on la recueille également avec une écumoire. On fabrique, avec le caillé obtenu que l'on appelle *recuite*, un fromage frais, d'une qualité inférieure se conservant mal, que l'on vend dans le voisinage à des prix très minimes. Le petit-lait qui reste ensuite est donné en nourriture aux porcs. On obtient environ 6 kilos de *recuite* par hectolitre de petit-lait ; ce produit se vend 20 centimes le kilo.

Pour le beurre, on l'obtient en abandonnant le petit-lait, pendant plusieurs jours, dans des baquets peu profonds et en barattant la crème qui finit par monter à la surface. Le rendement est de 1 kil. environ de beurre de mauvaise qualité par hectolitre de petit-lait. L'usage des écrémeuses centrifuges qui permettraient de fabriquer plus rapidement un beurre de meilleure qualité ne s'est pas répandu, le rendement étant peu considérable et l'opération négligée par les producteurs.

Réception et mesurage du lait.

VII

PRÉPARATION DANS LES LAITERIES

EXTENSION DES LAITERIES. — Il y a 25 ans, tout le fromage affiné dans les caves de Roquefort était fabriqué dans les fermes, d'après la méthode que nous venons d'indiquer : chaque propriétaire confectionnait lui-même, tant bien que mal, ses produits sans avoir l'idée de s'associer avec quelqu'un de ses voisins pour exécuter en commun le travail du lait.

Aujourd'hui, les choses ont bien changé : on a créé et on continue à créer, tous les jours, des fromageries auxquelles les cultivateurs d'une contrée livrent, tous les matins, le lait obtenu sur leur exploitation. Dans le pays ces fromageries sont désignées sous le nom de *laiteries*. Quoique cette dénomination soit moins justifiée que celle de *fromagerie*, nous l'adopterons dans cet ouvrage, pour nous conformer à l'usage.

Ce n'est pas de fruitières coopératives, comme il en existe dans les Cha·
rentes, et dans l'Est, qu'il s'agit : l'esprit d'association fait trop défaut dans
notre région pour permettre une telle organisation. Chacune de ces *laiteries* appartient à un industriel. Les Sociétés de Roquefort, trouvant leur intérêt à voir ces installations se multiplier, créent la plupart des *laiteries* ou tout
au moins favorisent leur création.

Quelques personnes ont vu, dès le début, dans le développement des *laiteries*, un danger pour l'avenir de la production laitière et ont prétendu que
les grandes Sociétés de Roquefort, propriétaires de la plupart de ces établissements, ne tarderaient pas à faire la loi aux producteurs et à leur payer le lait
au prix qui leur conviendrait.

L'expérience n'a pas justifié ces appréhensions, qui n'étaient du reste pas
motivées: en effet, que les agriculteurs vendent leurs produits sous forme de
lait ou qu'ils les vendent sous forme de fromages, le danger du monopole est
le même et ils sont obligés de subir, dans un cas comme dans l'autre, les
cours imposés par les maisons de Roquefort.

On peut même dire que les producteurs ont trouvé un avantage sérieux à
se voir délivrés du tracas de la fabrication, des mécomptes et des pertes
que leur occasionnaient la manipulation du lait ; ils n'ont plus à redouter de
manquer leur fromage et de le voir refuser à la réception à Roquefort ; tout
ce qu'on leur demande c'est de fournir du lait pur et sain ; dans ces conditions, ils peuvent se consacrer plus complètement à leurs occupations agricoles,
aux soins de leurs troupeaux et à la production intensive du lait. Les ménagères, surtout, débarrassées d'une cuisine journalière qui absorbait une grande
partie de leur temps, peuvent se livrer à d'autres travaux.

Certains ont prétendu que le lait traité dans les *laiteries* pouvait être facilement fraudé ; mais nous avons vu qu'il était possible d'établir un service
de contrôle du lait mettant dans une grande mesure à l'abri de la fraude.

Enfin, on a objecté que le transport du lait à de grandes distances et le
battage qui en résulte, surtout par les grandes chaleurs, n'est pas fait pour
en améliorer la qualité. Cela est vrai ; mais il faut remarquer que cette objec-
tion a perdu tous les jours de sa valeur à mesure que les *laiteries* se sont
multipliées ; le rayon de leur approvisionnement s'est réduit ainsi progressivement et les chances d'altération ont diminué dans une large mesure.

A côté de ces inconvénients, que nous avons tenu à signaler tout d'abord,
les *laiteries* présentent de sérieux avantages qu'il est important de mettre en
relief.

Tout d'abord, les petits cultivateurs ne possédant que quelques brebis dont
le lait était autrefois inutilisé peuvent, aujourd'hui, produire du *roquefort* ; la
transformation du lait en fromage, que les fermes d'une certaine importance
pouvaient seules entreprendre il y a quelques années, a donc été mise à la
portée de tout le monde : elle s'est démocratisée.

D'autre part, le personnel des *laiteries* est généralement plus compétent, mieux préparé, plus spécialisé que la ménagère de la ferme qui doit, le plus souvent, s'occuper parallèlement des autres travaux de la maison.

Ces ménagères, de nos jours encore, font presque toujours les choses par à peu près et n'ont quelquefois pas de thermomètre pour se rendre compte de la température.

Enfin, dans les fermes, le local affecté à la *laiterie*, les ustensiles dont on se sert, sont parfois insuffisants ou malpropres, parce qu'on les utilise pour d'autres usages ; la température des diverses salles, souvent de l'unique salle de préparation, est des plus irrégulières.

Dans les *laiteries*, au contraire, petites industries montées dans un but déterminé, on fait, au moment de la création, les choses aussi bien que possible : les locaux et le matériel conviennent beaucoup mieux, et peuvent être plus complètement tenus en état de propreté. Les produits confectionnés sont par suite plus homogènes et plus parfaits.

Nous ajouterons que les *laitiers*, grâce à leur spécialisation, tirent meilleur parti du lait et réalisent une économie sérieuse de main-d'œuvre et de fournitures (présure, chauffage, etc.), dont le bénéfice se répartit inévitablement sur les divers intéressés : producteur de lait, laitier, industriel de Roquefort et consommateur.

En résumé, les laiteries permettent d'obtenir, d'après une *Notice de la Société des Caves et Producteurs réunis* : 1° 2 °/₀ de rendement en plus, 2° une qualité de fromage supérieure et beaucoup plus uniforme, 3° une économie de frais de main d'œuvre évaluée à 15 %.

Nous pensons avoir ainsi suffisamment mis en lumière le rôle des *laiteries* dans la production laitière de notre pays.

Si nous sommes bien renseigné, c'est à M. Dugaret, laitier à Lunel (Hérault), que revient l'honneur d'avoir établi la première *laiterie* industrielle dont on rencontre aujourd'hui des types dans toutes les régions où l'on fabrique le *roquefort*.

M. Bouffard rapporte (1) que cet industriel tenta ses premiers essais en 1876 et que, « en présence de l'importance de sa fabrication, il fut obligé de transformer sa petite usine et de créer, en 1884, un établissement plus complet ».

Comme le prévoyait M. Bouffard, l'entreprise de M. Dugaret ne tarda pas à être imitée, car de nombreuses *laiteries* inspirées par celle de Lunel furent installées un peu partout les années suivantes. Les premières laiteries de la *Société des Caves et des Producteurs réunis*, remontent à 1885. Aujourd'hui elles se sont multipliées au point qu'on ne prépare presque plus de fromages à la ferme.

Des améliorations, furent réalisées dans les nouvelles installations. Du reste, les personnes qui eurent à s'occuper de ces installations aménageant le plus

---

(1) BOUFFARD. *Fabrication du fromage de Roquefort dans le département de l'Hérault. Fromagerie de Lunel.*

souvent, il y a quelques années, des bâtiments primitivement destinés à d'autres usages, furent forcées à s'ingénier et amenées à trouver des idées nouvelles suggérées par la disposition des lieux.

Quand on construit aujourd'hui des *laiteries* de toutes pièces, le choix de l'emplacement a une grande importance : la première des conditions est de disposer d'une grande quantité d'eau ; on doit se préoccuper aussi de l'évacuation des résidus et de l'exposition : l'orientation du nord est, naturellement, la plus avantageuse : on peut facilement, avec des appareils de chauffage, élever la température des locaux ; il est plus malaisé de l'abaisser.

ORGANISATION DES LAITERIES. — On distingue, dans les grandes *laiteries*, les pièces suivantes :

    1° Salle pour le générateur ou pour l'appareil de chauffage ;
    2° Salle de réception du lait ;
    3° Salle de mise en présure et de fabrication ;
    4° Salle d'égouttage ;
    5° Cave.

Mais, dans les petites *laiteries* ou dans les *laiteries* qui ont été aménagées dans des locaux anciens ou insuffisants, le nombre des salles peut être moindre et s'abaisser à trois ou même à deux. On fait, dans ce cas, plusieurs opérations distinctes dans une même salle, par exemple : réception du lait et mise en présure ; mise en présure et égouttage ; ou encore réception du lait, mise en présure et égouttage. Nous supposerons que nous avons affaire à une laiterie dans laquelle toutes les opérations sont faites dans des salles distinctes :

Des baies vitrées et garnies de toiles métalliques fines doivent éclairer, mais le moins possible, ces divers locaux, sauf la cave, dans laquelle règne une obscurité complète.

Dans une laiterie bien installée, les murailles et le plafond, à parois très unies, sont recouverts, tous les ans, au commencement de la saison, d'un lait de chaux (1). Le sol est cimenté sur toute son étendue : cela permet d'exécuter tous les jours plusieurs lavages complets (2) ; l'eau est d'ailleurs fournie en abondance par des robinets ou des pompes établis dans chaque salle ; dans ce but les *laiteries* sont construites, toutes les fois que la chose est possible, à proximité d'une source ou d'un ruisseau ou, à défaut, pourvues de vastes citernes ; une pente convenable conduit les eaux de lavage à des bou-

---

(1) Si dans ce lait de chaux on remplace l'eau par du petit lait, le badigeon a l'avantage de ne pas s'écailler.

(2) Le ciment étant attaqué par le petit lait grâce à l'acide lactique qu'il renferme, il y aurait intérêt à lui substituer, dans les locaux qui fatiguent par de nombreuses allées et venues et dans lesquels on produit une abondante émission de petit lait, des carreaux céramiques résistant aux acides et à la fatigue que l'on fabrique spécialement pour cet objet depuis quelques années.

ches d'égout (1) grillagées et siphoïdes qui s'opposent au refoulement des gaz et des odeurs ; une ventilation suffisante assure le renouvellement de l'air qui doit être pur et sec.

On peut, grâce à ces dispositions, entretenir la propreté la plus minutieuse : c'est là une condition de bonne fabrication indispensable dans toute *laiterie*.

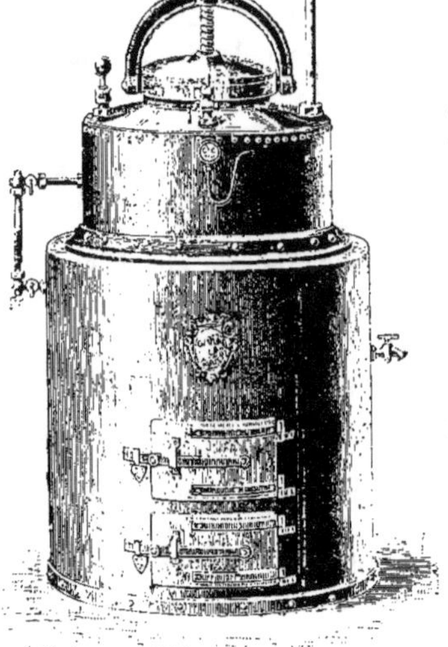

Chacune de ces salles est meublée d'appareils et d'ustensiles spéciaux que nous allons passer en revue en les décrivant sommairement, et dont la première qualité doit être de se prêter, par leur simplicité, à un nettoyage absolument parfait.

On trouve, dans la *première salle*, soit un *calorifère*, soit un *générateur de vapeur*, sur lequel prennent naissance une série de tuyaux qui distribuent la chaleur, par un courant d'eau chaude (*thermo-siphon*), ou par un courant de vapeur, dans les diverses salles de mise en présure de fabrication et d'égouttage. Les derniers modèles de calorifères installés sont munis de *régulateurs automatiques*, qui permettent de maintenir, jour et nuit, une température constante. Ces appareils produisent en outre l'eau chaude nécessaire pour le chauffage du lait ou les lavages.

Dans les petites *laiteries*, on ne trouve ni calorifère, ni générateur, ni salle spéciale pour les loger ; le chauffage du lait et de l'eau nécessaire aux lavages est obtenu au moyen de *chaudières* dites *buanderies* installées dans la salle de réception ; quant au chauffage de la salle de fabrication et d'égouttage il est assuré par un *poêle*, à combustion continue, à long tuyau intérieur.

Générateur de vapeur (Cliché de M. Gaulin).

Tuyau à ailettes pour le chauffage par la vapeur ou par l'eau chaude (Cliché de M. Gaulin).

Dans la *salle de réception du lait*, on distingue :

1° Une *cuve repose-lait* à fond légèrement conique, munie, à quelques cen-

---

(1) Les eaux de lavage, si la laiterie est installée à la campagne, peuvent être dirigées sur des prairies qu'elles servent à fertiliser après avoir été fortement diluées dans de l'eau pour ne pas brûler. L'action de ces eaux, riches en matières azotées, sur les prairies est considérable : elles donnent aux graminées une végétation remarquable.

timètres au-dessus de ce fond, d'un orifice de vidange et surmontée d'un *tamis* mobile à travers lequel on fait passer tout le lait reçu ; on peut, dans cette cuve, laisser séjourner le liquide pendant un quart d'heure, pour le décanter, après repos, et le débarrasser des fines particules de suint qui passent à travers les meilleurs tamis ; mais, souvent, le lait ne s'arrête pas à cette première station et on le dirige immédiatement, par une canalisation facilement nettoyable, dans la salle de mise en présure.

Cuve repose-lait (Cliché de M. Gaulin).

Chaudière buanderie
(Cliché de M. Pilter).

2° Un *bureau* sur lequel reposent le *livre-journal* et les autres *registres* de comptabilité.

3° Des *mesures de capacité* diverses en tôle étamée (*double-décalitre, décalitre, litre*), pour le mesurage du lait, avec *jauges* pour les fractions.

4° Des *bidons* ou *pots à lait*, de la contenance de 20 à 40 litres servant au transport du lait.

Mesures de capacité (Clichés de M. Gaulin).

Dans beaucoup de laiteries la salle de réception du lait est disposée en contre-haut, de façon à permettre l'aménagement d'un quai extérieur pour le déchargement des bidons et l'écoulement du lait dans la salle de fabrication par une pente naturelle.

La troisième salle, *salle de mise en présure et de fabrication*, renferme :

1° Un *chauffe-lait*, ou cuve à double paroi chauffée au charbon à moins de 60°. Cet appareil, dont l'enveloppe intérieure est en cuivre étamé et contient

200 litres environ, reçoit le lait que l'on peut faire couler, une fois chaud, au moyen d'un robinet et d'un ensemble de tuyaux ou de gouttières (1), dans les cuviers à emprésurer ; l'enveloppe extérieure est en forte tôle galvanisée ; souvent cet appareil se trouve dans la *salle de réception*.

Cuvier à emprésurer (Cliché de M. Pilter).

Chauffe-lait (Cliché de M. Gaulin).

Ustensile pour mettre le caillé en moules
(Cliché de M. Pilter).

2° Une série de *cuviers à emprésurer* en fer étamé, d'une contenance de 400 à 500 litres chacun, hauts de 70 cent., disposés tout autour de la salle sur des plate-formes en bois. On les remplit avec le lait provenant directement de la *salle de réception* ou avec celui provenant du *chauffe-lait*.

3° Des *tables d'égouttage* en *pitchpin* larges de 1 m. 10 et d'une longueur déterminée par les dimensions de la salle, sillonnées de rainures pour l'égouttement du petit-lait ; ces tables, supportées par des fers à cormières encastrés dans le mur, sont inclinées de telle façon que toutes les rainures convergent vers l'un des angles au-dessous duquel on place un baquet pour recevoir le petit-lait ; dans les nouvelles laiteries, les tables d'égouttage portent parfois, dans le but de faciliter le nettoyage, une seule et large rainure, le long du bord inférieur.

4° Deux *chariots égouttoirs*, sortes de grandes caisses en bois montées sur

---

(1) Les gouttières sont préférables aux tuyaux, toutes les fois que leur installation est possible, parce qu'elles sont ouvertes et plus facilement nettoyables. Lorsqu'on est dans l'obligation d'aménager des robinets et des tuyaux ceux-ci doivent être démontables et rigoureusement lavables.

3 roues, pour le transport du caillé. Ces chariots, inclinés d'un côté, sont garnis intérieurement d'une claire-voie recouverte d'une serpillière destinée à faciliter le drainage du petit-lait : celui-ci s'échappe par une ouverture ménagée sur l'un des côtés de la caisse.

5° Un *brise-caillé* constitué par un cadre métallique emmanché garni de lames tranchantes parallèles (1).

6° Une *pelle en bois* ou en fer de forme spéciale pour remuer le lait après l'incorporation de la présure.

7° Une *grande écumoire* pour remuer le lait dans le chauffe-lait et enlever, s'il y a lieu, les impuretés.

8° Un *puise-caillé*, récipient en fer-blanc, qui permet d'extraire commodément le caillé des cuviers.

9° Une provision suffisante de *moules à fromage*, mesurant intérieurement environ 20 centimètres de diamètre sur 9 de hauteur. Autrefois, les *moules en terre vernie* étaient seuls employés (2). On leur a substitué, depuis quelques années, des *moules en fer-blanc* soudé ou des moules en tôle emboutie et étamée qui, tout en étant moins fragiles et plus légers, sont d'un nettoyage plus facile.

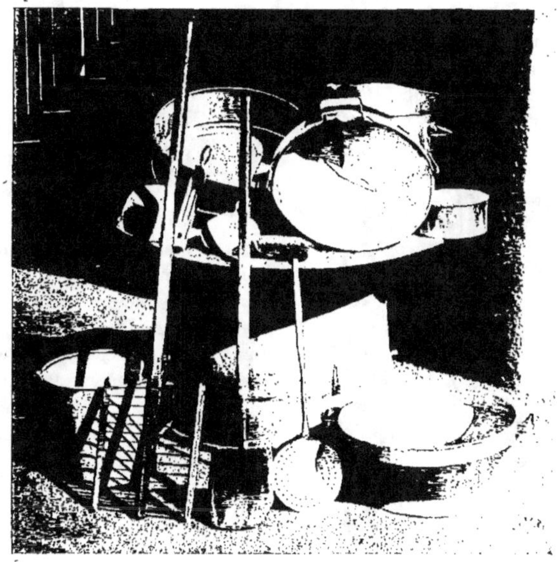

Les appareils de la laiterie (Photographie de M. E. Marre).

---

(1) On a renoncé au *brise-caillé* constitué par une grille de fil de fer galvanisé encastrée dans un cadre de bois parce qu'il découpait moins bien le caillé et faisait plus de débris.

(2) On expliquait cette préférence en disant que les moules en terre conservaient mieux la chaleur et facilitaient par suite l'écoulement du petit-lait. Cette raison pouvait avoir sa valeur dans les laiteries d'autrefois qui étaient établies dans des salles non chauffées. Dans les laiteries actuelles, où l'on peut maintenir facilement, dans toute la salle, la température la plus favorable à l'égouttement, cet avantage n'a plus la même valeur ; aussi les moules en terre sont-ils délaissés : à cause, en effet, de leur épaisseur (8 à 10 millimètres), ces moules ont l'inconvénient de retenir des fragments de caillé dans les trous d'égouttement qui forment chacun une sorte de tube de 3 ou 4 millimètres de diamètre ; on ne peut dès lors, les nettoyer convenablement que si on passe successivement dans chaque trou un fil de fer pour chasser les petits fragments de caillé ; il en résulte une perte de temps qui est évitée avec les moules en métal ; une simple brosse en chiendent suffit pour le lavage de ceux-ci.

10° Des *boîtes à pain moisi*, cylindres en fer blanc surmontés d'un couvercle garni de trous.

11° Des *écumoires* mesurant environ 15 centimètres de diamètre et munies d'un manche court. Ces ustensiles sont employés par les ouvrières pour mettre le caillé en moules.

12° Divers récipients pour les lavages et les soins de propreté (*seaux en zinc, casseroles, bassines, baquets en bois, etc.*).

Seau (Cliché de M Garin)

Bassine (Cliché de M Garin).

13° Des *thermomètres* spéciaux pour laiteries montés sur une pièce de bois angulaire qui met le verre à l'abri des chocs de toute nature.

La *salle d'égouttage*, modérément éclairée, est maintenue à une température aussi constante que possible de 18°, par l'établissement d'une voûte qui lui donne le moyen de résister aux chaleurs excessives de l'été et d'un appareil de chauffage dont les tuyaux remplis de vapeur ou mieux d'eau chaude établis le long des murs permettent de relever la température en hiver. Une cheminée d'appel avec auvent garnit utilement le fond de la salle et renouvelle l'air qui, sans cela, serait constamment vicié par les produits de la fermentation. Cette salle est, comme la précédente, garnie de *tables d'égouttage*. Dans les laiteries

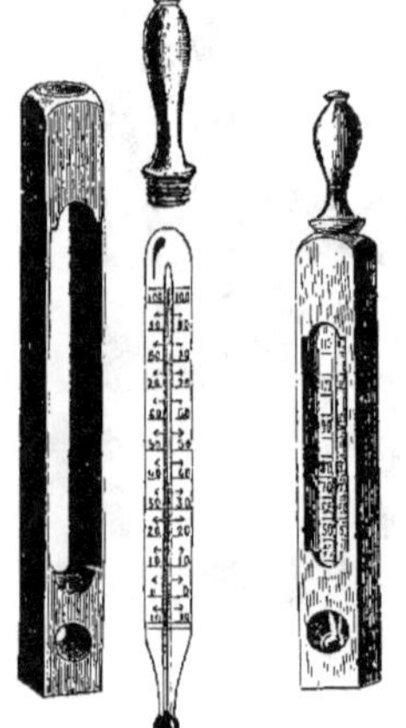

Thermomètres pour laiterie
(Clichés de MM. Caulin et Garin).

où la place est mesurée, on établit quelquefois deux rangs superposés d'étagères, le rang supérieur un peu plus étroit que l'inférieur et pouvant être relevé contre le mur.

Enfin, la dernière salle ou *cave* est voûtée et obscure ; elle ne renferme pas d'appareils spéciaux, les fromages qu'on y fait séjourner étant déposés directement sur le sol ou sur des moules renversés. La température y est maintenue aussi basse que possible et ne devrait pas dépasser 10 à 12°.

Une salle supplémentaire est parfois prévue pour servir de magasin ; on y loge les *gagets* et les *moules* momentanément inutilisés, les *bidons à pain moisi*, les bouteilles de *présure*, parfois la provision de charbon nécessaire pour le chauffage.

TECHNIQUE DE LA FABRICATION. — A son arrivée à la laiterie, le lait est mesuré au décalitre, puis versé, après examen, dans la cuve de réception, d'où il est dirigé, soit dans un cuvier à emprésurer, soit dans le chauffe-lait.

On se sert du lait chauffé dans cet appareil, jusqu'à 50 ou 60 degrés environ, pour remonter la température du lait contenu dans les cuviers, de façon à le porter au degré le plus favorable pour l'emprésurage.

Cette température convenable varie de 24 à 28 degrés, suivant le temps

Réception du lait et mise en présure.

qu'il fait à l'extérieur et suivant la nature du lait. Pendant l'hiver, on chauffe plus que pendant l'été.

Dès que le premier cuvier est rempli, on ajoute du lait chaud pour élever le degré; on mélange bien les différentes parties, de façon à le rendre homogène et l'on s'assure, à l'aide du thermomètre, que la température est convenable. A ce moment, on verse peu à peu la présure et on l'incorpore à la masse, en brassant énergiquement dans tous les sens au moyen de la pelle en bois.

On emploie exclusivement aujourd'hui, dans les laiteries, des extraits de présure du commerce que l'on verse dans le lait étendus d'une ou deux fois leur volume d'eau, à raison de 5 à 15 grammes par hectolitre. On en emploie

une plus forte proportion avec le lait de brebis qu'avec le lait de vache ; il
en faut davantage lorsqu'il fait froid et moins lorsqu'il fait chaud ou lorsque
le temps est orageux ; on en met plus dans un lait sain que dans un lait acide
ayant subi un commencement d'altération ; en résumé il en faut moins toutes
les fois que l'acidité du lait s'ajoute dans une certaine proportion à l'action de
la présure (1).

L'expérience journalière seule permet de déterminer sûrement le dosage de

Réception du lait et découpage du caillé.

présure à employer ; si l'on en met trop peu, une partie de la caséine ne se
coagule pas, et s'échappe avec le petit-lait ; celui-ci s'égoutte incomplètement,
de sorte que le caillé obtenu étant mollasse et sans consistance, l'opération de
la mise en moules est retardée et se fait mal ; il en est de même lorsque la coagulation s'est faite à une trop basse température. Par contre, une quantité

(1) Ces extraits se conservent assez bien dans un endroit frais et obscur, une cave par exemple ; l'exposition au soleil les altère facilement. On doit boucher soigneusement les bouteilles en vidange. Les présures fraîches donnent, en général, plus de rendement que les vieilles. Pour préparer ces extraits de
présure, les fabricants prennent, d'après M. Lamarche, des caillettes séchées et soufflées à l'air qu'ils
découpent en morceaux d'un centimètre carré et qu'ils font infuser dans de l'eau salée additionnée d'acide
borique. Après cinq à six jours de macération, on filtre. Les proportions sont les suivantes : caillette,
500 gr.; sel marin, 50 gr.; acide borique, 40 gr.; eau, 1 litre.

de présure exagérée ou une chaleur trop élevée donnent un caillé friable, sec et manquant de liant, qui laisse écouler la crème.

Il serait avantageux d'habituer les laitiers à se servir de *l'acidimètre* pour déterminer, par des essais préalables, la dose de présure à employer dans chaque cas particulier ; on arriverait ainsi rapidement à une précision beaucoup plus grande qu'à l'heure actuelle.

Lorsque le premier cuvier est emprésuré, on le laisse reposer pour per-

Retournement et transvasement du caillé.

mettre la coagulation ; pendant ce temps, on remplit successivement les autres cuviers à mesure que le lait arrive et on les emprésure en opérant de la même façon que pour le premier ; en hiver, on place sur les cuviers, pendant la coagulation, un couvercle en bois afin de maintenir la chaleur initiale le plus longtemps possible ; pendant l'été, cette précaution devient inutile.

Le lait se prend en masse au bout de 1 heure 30 à 2 heures (1) : on procède alors au découpage du caillé (2) du premier cuvier : pour cela, on pro-

_____

(1) Les matières grasses et les matières étrangères inertes accélèrent la coagulation ; l'addition d'eau ou d'un antiseptique, et surtout l'ébullition la retardent.

(2) On reconnaît que le caillé est suffisamment formé lorsque, en enfonçant verticalement dans la masse une lame de couteau, il se forme, à droite et à gauche, une boutonnière béante, ou lorsque, en plon-

mène très doucement le brise-caillé de bas en haut, jusqu'à ce que toute la masse coagulée soit coupée en petits losanges de la grosseur d'une noix (1).

Finalement, on laisse reposer le caillé brisé pendant 10 minutes, afin de permettre aux particules en suspension dans le sérum de se déposer et de s'agglomérer. Si l'on ne prenait pas cette précaution, une certaine proportion de la matière caséeuse serait entraînée avec le petit-lait ; c'est aussi dans le

Transvasement du caillé.

but d'éviter des pertes de caseum et de matière grasse, au cours de l'essorage, que l'on s'efforce de ne pas briser le caillé en trop petits morceaux.

On estime qu'avec le lait de brebis pur, un cuvier plein permet de fabriquer environ 40 pièces de fromage, du poids moyen de 2 kilos 700 ; il faut donc 10 à 12 litres de lait de brebis pour faire un fromage, 4 à 4 litres ¹⁄₂

geant le doigt dans cette masse on voit se rejoindre les bords qui s'étaient écartés et que, au bout du doigt, se forme une gouttelette transparente de petit-lait.

(1) C'est afin de réduire au minimum les pertes de matière grasse et même de caséine qu'on opère lentement. Dans certaines laiteries, avant de découper le caillé, comme il est expliqué ci-dessus, on commence d'abord par retourner la partie superficielle de la masse coagulée sur une épaisseur de 8 à 10 centimètres au moyen d'une petite écumoire : cette opération, qui se fait à la façon du travail à la bêche dans un jardin, rend plus parfaite l'incorporation, dans l'ensemble du caillé, de la petite couche de crème qui se trouve à la surface.

pour faire 1 kilo (1); avec du lait de vache, il faut une proportion bien plus grande (20 litres environ) pour faire un fromage. Plus donc la masse contient de lait de brebis, plus grand est le nombre de fromages fabriqués.

Quand le caillé brisé s'est reposé, on enlève, avec une casserole, le petit-lait qui surnage à la surface et on le verse dans le *chariot égouttoir* ; la *serpillière* qui recouvre l'intérieur retient ainsi les particules de caillé encore en

Transvasement du caillé (fin de l'opération).

suspension dans le petit-lait. Quant à celui-ci, il est recueilli extérieurement dans des seaux et versé dans un entonnoir qui communique, par une canalisation spéciale, avec des baquets placés à l'extérieur.

Après avoir enlevé la plus grande partie possible de petit-lait, on attaque le caillé lui-même avec le *puise-caillé*. Pendant ce transvasement, à mesure que le caillé arrive dans le *chariot*, on défait à la main ou, de préférence, pour plus de propreté, avec une écumoire, les grumeaux un peu gros qui, ayant échappé à l'action du *brise-caillé*, n'étaient pas encore suffisamment désagrégés. Finalement, le *cuvier* est balayé, puis nettoyé à l'eau chaude, soit

(1) Nous avons indiqué précédemment que dans les très bonnes conditions on pouvait faire 1 kilo de fromage avec 3 litres 80 de lait.

pour être rempli de nouveau avec le lait qui continue à arriver, soit pour être égoutté et retourné jusqu'au lendemain :

La capacité des *cuviers* et des *chariots* est calculée de telle sorte que la matière contenue dans le premier de ces récipients remplit exactement le second.

Le *chariot* plein est conduit dans la salle de fabrication et le caillé est abandonné pendant un moment à lui-même ; puis, au bout d'un instant, afin d'activer l'égouttement, on enlève, à l'aide d'une écumoire à manche court, le caillé qui se trouve près des bords du chariot, le long de la toile, pour l'accumuler au milieu : les couches qui étaient à l'extérieur passent ainsi à l'intérieur et inversement ce qui favorise la régularité de la température et de l'écoulement du petit-lait.

Il faut, pour exécuter ce drainage, un quart d'heure à vingt minutes.

Après cela, on met en moules, aussi rapidement que possible :

Mise en moules.

il est essentiel que le caillé de la fin n'ait pas le temps de se refroidir et, par suite, de durcir ; sans cela les arêtes se formeraient moins bien. La qualité du fromage serait, d'autre part, inférieure. Les laitiers expédient, en 20 ou 30 minutes, la mise en moules de 40 à 45 pains produits par le contenu d'un cuvier.

Pour mettre en moules, on dispose deux planches en travers du chariot pour supporter les moules à la hauteur voulue : cette disposition permet à deux ou quatre ouvrières de s'occuper autour du même chariot et d'expédier vivement la besogne ; une autre ouvrière peut enlever les pièces à mesure qu'elles sont faites et les placer côte à côte sur les tables-égouttoirs où l'écoulement du petit lait se fera pendant quatre jours, jusqu'à complet assèchement.

Le remplissage des moules se fait par les procédés ordinaires que nous avons

Lavage des fromages et des moules.

décrits plus haut, (Voir chap. VI). Toutefois, depuis quelques années, on emploie un autre procédé dans certaines laiteries : on garnit aux trois quarts deux moules de caillé convenablement mélangé de pain moisi ; puis on retourne un moule sur l'autre ; le caillé contenu dans les deux moules se soude et se réduit, après égouttement du petit lait, au volume d'un pain. Les laitiers considèrent ce procédé comme plus rapide et comme formant mieux les arêtes du fromage.

Le pain moisi (1) est incorporé à raison de 10 grammes environ par 100

(1) Le pain moisi peut se conserver jusqu'à six mois, si on le maintient bien au sec dans une terrine de grès.

kil. de fromage, comme nous l'avons indiqué au chapitre VI. On en met plus ou moins suivant la consistance du caillé : plus dans les caillés tendres qui en laissent écouler une partie avec le petit-lait, moins dans les caillés durs.

Le jour même de leur fabrication, les fromages sont retournés trois fois dans leur moule. Cette opération a pour but de bien former les arêtes et de rafraîchir la surface, afin de prévenir l'échauffement.

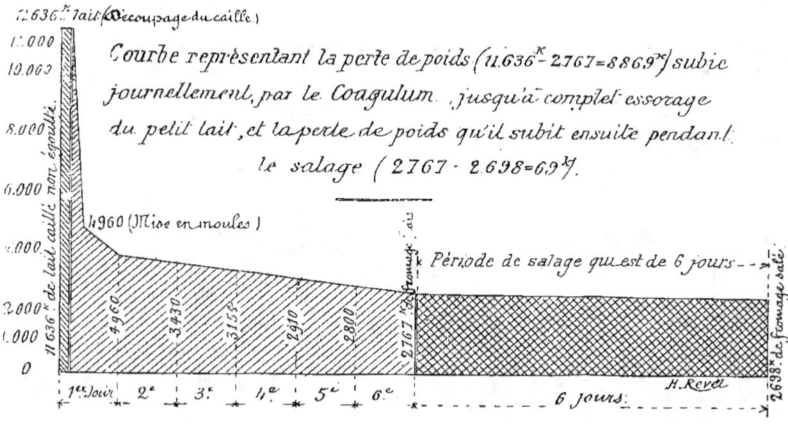

Graphique relatif à l'intensité de l'essorage du petit-lait par M. Lebrou, Ingénieur E. C. P.

Le lendemain, 2ᵐᵉ jour, les fromages sont encore retournés deux ou trois fois, le matin, à midi et le soir ; on lave soigneusement le moule avec de l'eau tiède en hiver, avec de l'eau fraîche en été, tout en procédant au retournement du matin.

Le troisième jour et les jours suivants, s'il y a lieu, on lave une fois les moules et on retourne trois fois les fromages comme la veille.

On fait passer les fromages à la cave lorsque l'égouttage est jugé suffisant, ce qui arrive du 4ᵉ au 6ᵉ jour, le 5ᵉ généralement.

On laisse les fromages à la cave, déposés simplement sur le sol cimenté, jusqu'à ce qu'il y en ait une quantité suffisante pour nécessiter une expédition à Roquefort. On les retourne au moins une fois par jour; en été, deux, trois et quatre fois, pour enrayer le plus possible le beurrage.

Depuis le premier jusqu'au dernier jour, les fromages perdent de leur poids, par suite de l'égouttement du petit-lait. Le graphique ci-dessus, qui nous a été communiqué par M. P. Lebrou, donne, jour par jour, l'intensité de cet essorage.

La veille de leur départ, les pièces sont encore une fois lavées et retour-

nées dans leurs moules ; finalement, elles sont pesées et marquées d'une lettre
ou d'un numéro désignant la laiterie, puis emballées avec de la paille dans
des *gagets*, sortes d'emballages construits très simplement avec des liteaux et
contenant chacun 24 fromages.

Actuellement on a perfectionné les gagets en les munissant intérieurement
de deux gouttières métalliques ayant exactement le diamètre des fromages
qu'elles sont destinées à soutenir. Ces gouttières sont mobiles et sont lavées à

Chargement des fromages.

chaque voyage ; les fromages s'y comportent mieux que dans les gagets ordinaires parce qu'ils conservent mieux leur forme cylindrique et se brisent
moins ; on fait aussi des économies de paille d'emballage ; par contre, le
prix de ces gagets est notablement plus élevé que celui des gagets ordinaires ;
un gaget ordinaire coûte 1 fr. 20 ; celui avec gouttières coûte 7 fr.

Le transport se fait avec des carrioles suspendues ou par charrettes bâchées
ou par chemin de fer, toutes les fois que la chose est possible, tous les deux
à quatre jours. Afin de soustraire, le plus possible, les fromages à l'influence
pernicieuse d'une température trop élevée, on les fait voyager, de préférence,
la nuit.

Des *ramasseurs de fromages* transportent pour le compte des *laiteries* ou des usiniers de Roquefort et reçoivent, suivant la distance à parcourir et suivant les difficultés de la route. de 0 fr. 50 à 1 fr. 50 par quintal de fromage (50 kil.). On compte, en moyenne, environ 5 centimes par kilomètre et par quintal transporté.

En même temps que les fromages, le laitier remet au roulier un bordereau indiquant la date et l'heure du chargement et le nombre de pains pro-

Nettoyage de la laiterie.

duits journellement, avec, en regard, le nombre de litres de lait employés à leur fabrication.

Par un temps orageux ou chaud, la perte de poids est considérable et peut s'élever à 100 kilos pour un chargement de 3 000 kilos. Avec un temps propice, au contraire, la perte subie n'est plus que de 50 à 60 kilos pour la même quantité.

Il convient d'ajouter que, sous l'influence de la fermentation provoquée par la chaleur ou le changement de temps, les pièces peuvent s'échauffer, se boursoufler et perdre de leur valeur au point d'être rebutées par les employés préposés à la réception dans les caves.

Le petit lait peut être repris, suivant les conventions, en totalité ou en parlie par les propriétaires. Le reste est employé à l'engraissement d'une bande de cochons que l'on achète au début de la saison, à l'âge d'un an, pesant environ 50 kil., et que l'on revend au mois d'août, après leur avoir fait acquérir une augmentation de poids de près de 100 kilos.

Les laiteries ne trouvent pas, en général, un avantage sérieux à extraire préalablement la *recuite*, ce produit, fabriqué en grande quantité sur un point déterminé, ne trouvant pas un écoulement facile.

Les laiteries sont exploitées par un *gérant* ou *laitier* secondé par des ouvriers ou des ouvrières (la moitié environ de chaque sexe).

Les ouvrières reçoivent un salaire d'environ 40 fr. par mois. Au commencement et à la fin de la campagne, lorsque la quantité de lait est peu considérable, le nombre des ouvriers ou des ouvrières est réduit. On compte qu'il faut, en moyenne, une personne pour fabriquer de 40 à 50 pains de fromage par jour.

Le travail de la laiterie est réglé de la manière suivante : le matin, dès 5 heures, les ouvrières s'occupent à retourner les fromages pièce par pièce et à laver les moules. Elles nettoient ensuite le sol et les ustensiles libres. Après cela, elles reçoivent le lait et le répartissent dans les cuviers à emprésurer ; enfin elles emploient le reste de la journée à confectionner le fromage, à retourner les pièces fabriquées les jours précédents et à transporter à la cave celles qui sont suffisamment égouttées.

Immédiatement après le travail de la journée, on lave soigneusement tout ce qui a servi à la préparation du fromage. On passe d'abord à l'eau chaude, de temps à autre additionnée de soude et de potasse, puis à l'eau froide, les ustensiles que l'on expose ensuite à l'air en les retournant sens dessus dessous pour les faire sécher rapidement. On frotte énergiquement le sol avec un balai. Quant à la cave, sur le sol de laquelle reposent directement les pièces, on la nettoie à grande eau, toutes les fois qu'on vient de faire une expédition. Enfin, on lave soigneusement à l'eau chaude les toiles et serpillières qui ont servi à la fabrication et on les fait sécher au grand air.

Belmont.

VIII

LISTE DES LAITERIES PRODUISANT
LE ROQUEFORT

QUELQUES industriels de Roquefort et des autres caves d'affinage de la région (1) ont bien voulu se prêter de bonne grâce à une enquête qui nous a permis de dresser, vers la fin de 1904, la liste des *laiteries* de *roquefort* et de nous procurer des chiffres aussi précis que possible sur l'importance de la production.

Nous avons fait figurer en détail, pour chaque laiterie, le nombre d'hectolitres traités annuellement et nous avons utilisé, dans les divers

(1) Toutefois, quelques-uns d'entre eux, parmi les moins importants, il est vrai, n'ont pas cru devoir satisfaire notre curiosité ; mais il nous a été facile de nous procurer sur leur production des renseignements très approximatifs qui nous ont permis de ne laisser subsister aucune lacune ni dans la carte, ni dans les totaux cités dans cet ouvrage ; dans la liste des laiteries nous avons évalué en bloc, la production des laiteries travaillant pour les industriels qui se sont montrés rebelles à nos investigations.

chapitres de ce volume, après les avoir totalisés, les nombreux renseignements particuliers qui nous ont été fournis en même temps par cette enquête.

La liste des *laiteries* nous a permis, d'autre part, d'établir très exactement la carte de la zône dans laquelle s'approvisionnent les caves de Roquefort. Chaque *laiterie* étant représentée par une étoile au-dessous du nom des communes, on peut voir très nettement quelles sont les régions où la production est plus particulièrement intense et celles, par contre, où elle semble être accidentelle. Cette carte donne, en même temps, une idée de l'importance relative des diverses régions naturelles qui contribuent à la production du *roquefort*.

AVEYRON

CANTONS	COMMUNES	LAITERIES	CAVES D'AFFINAGE	HECTOL.
Belmont	Belmont	Belmont	Soc. des Cav. et des Prod. réunis à Roquefort.	880
id.	id.	Cazes (las)	id.	320
id.	id.	Comps	Sarrouy, Robert et Cⁱᵉ à Roquefort.	454
id.	id.	Nicouleau	Louis Rigal à Roquefort.	1060
id.	id.	Pradailles	Maria Grimal à Roquefort.	545
id.	Montlaur	Boriette (la)	Soc. des Cav. et des Prod. r. à Roquefort.	1750
id.	id.	Briols	Sarrouy, Robert et Cⁱᵉ à Roquefort.	908
id.	id.	Ginébret	Maria Grimal à Roquefort.	551
id.	id.	Gommarie	Soc. des Cav. et des Prod. r. à Roquefort.	1050
id.	id.	Montlaur	id.	1350
id.	id.	id.	Sarrouy, Robert et Cⁱᵉ à Roquefort.	1816
id.	id.	Petit-Toulouse	Soc. des Cav. et des Prod. r. à Roquefort.	1400
id.	id.	Verrières	id.	540
id.	id.	id.	Maria Grimal à Roquefort.	367
id.	Murasson	Murasson	Louis Rigal à Roquefort.	725
id.	id.	Riols	Soc. des Cav. et des Prod. r. à Roquefort.	800
id.	Prohencoux	Mounès	id.	3200
id.	id.	St-Vincent-de-Lucal	Maria Grimal à Roquefort.	350
id.	Rebourguil	St-Pierre de Bétirac	Gr. Soc. P. Lebrou et Cⁱᵉ à Roquefort.	770
id.	id.	Esplas	Louis Rigal à Roquefort.	250
id.	id.	id.	Sarrouy, Robert et Cⁱᵉ à Roquefort.	908
id.	id.	id.	Soc. des Cav. et des Prod. r. à Roquefort.	980
id.	id.	Petit Saint-Jean	id.	1980
id.	id.	Rebourguil	Sarrouy, Robert et Cⁱᵉ à Roquefort.	1362
id.	Saint-Sever	Saint-Sever	Soc. des Cav. et des Prod. r. à Roquefort.	1750
Bozouls	Bozouls	Bozouls	Soc. nouv. de Roq. à Tendigues-Roquefort.	844
id.	Loubière (la)	Lioujas	Soc. des Cav. et des Prod. r. à Roquefort.	700
id.	Montrozier	Alboy	Louis Rigal à Roquefort	700
id.	Rodelle	Bezonne	Soc. des Cav. et des Prod. r. à Roquefort.	2000
Camarès	Brusque	Brusque	id.	2300
id.	id.	Cusses	Maria Grimal à Roquefort.	250
id	id.	Promouyrou	Louis Rigal à Roquefort.	300
id.	Camarès	Camarès	Soc. nouv. de Roq. à Tendigues-Roquefort.	690
id.	id.	Cazelle (la)	Soc. des Cav. et des Prod. r. à Roquefort.	1700
id.	id.	Fabrègues	id.	350
id.	id.	Ouyre	id.	2050
id.	id.	id.	Maria Grimal à Roquefort.	756

CANTONS	COMMUNES	LAITERIES	CAVES D'AFFINAGE	HECTOL.
Camarès	Camarès	Magdas	Soc. nouv. de Roq. à Tendigues-Roquefort	350
id.	Gissac	Mas d'Andrieu	id.	126
id.	id.	Mas de Soulier	Soc. des Cav. et des Prod. r. à Roquefort.	500
id.	id.	Montégut	Maria Grimal à Roquefort.	115
id.	Mélagues	Mélagues	Nouguier à Cénomes.	1050
id.	id.	id.	Soc. des Cav. et des Prod. r. à Roquefort.	750
id.	Montagnol	Bouis (le)	id.	850
id.	id.	Cénomes	Nouguier à Cénomes.	1780
id.	id.	id.	Soc. des Cav. et des Prod. r. à Roquefort.	1200
id.	id.	id.	id.	450
id.	Peux-et-Couffouleux	Blanc	id.	430
id.	id.	Couffouleux	Gr. Soc. P. Lebrou et Cⁱᵉ à Roquefort.	2590
id.	id.	id.	Soc. anon. des propriétaires à Roquefort.	2420
id.	id.	Fabrègues	Soc. des Cav. et des Prod. r. à Roquefort.	980
id.	id.	Peux	Maria Grimal à Roquefort.	2112
id.	St-Félix-de-Sorgues	Mas-Courbe	Soc. des Cav. et des Prod. r. à Roquefort.	350
id.	id.	St-Félix-de-Sorgues	id.	730
id.	Tauriac	Maussac	id.	220
id.	id.	Tauriac	Maria Grimal à Roquefort.	1108
id.	Versols-et-Lapeyre	Hermilix	Sarrouy, Robert et Cⁱᵉ à Roquefort.	272
id.	id	Versols	Louis Rigal à Roquefort.	600
id.	id.	id.	Soc. des Cav. et des Prod. r. à Roquefort.	600
Campagnac	Campagnac	Canac	Louis Rigal à Roquefort.	1290
id.	Saint-Saturnin	Saint-Saturnin	Soc. des Cav. et des Prod. r. à Roquefort.	1500
id.	id.	id.	Soc. fromagère de Lestang à St-Saturnin	1500
Cassagnes-Bég.	Calmont-de-Plancatge	Calmont-de-Plane.	Louis Rigal à Roquefort.	600
id.	Salmiech	Brès	Gr. Soc. P. Lebrou et Cⁱᵉ à Roquefort.	840
id.	id.	Burgayrettes	Soc. des Cav. et des Prod. r. à Roquefort.	1080
id.	id.	Salmiech	id.	2150
Cornus	Clapier (le)	Clapier (le)	id.	1150
id.	id.	Mas-Hugonenq	Louis Rigal à Roquefort.	1000
id.	Cornus	Bastide-des-Fonts (la)	Soc. des Cav. et des Prod. r. à Roquefort.	370
id.	id.	Canals (les)	id.	700
id.	id.	Cornus	Louis Rigal à Roquefort.	500
id.	id.	id.	Soc. des Cav. et des Prod. r. à Roquefort.	990
id.	Lapanouse-de-Cernon	Lapanouse	id.	350
id.	id.	id.	Gr. Soc. P. Lebrou et Cⁱᵉ à Roquefort.	415
id.	Marnhagues-et-Latour	Latour	Louis Rigal à Roquefort.	800
id.	Montpaon	Autigues	Soc. des Cav. à from. à Labadié.	200
id.	id.	Bosc (le)	id.	420
id.	id.	St-Maurice-de-S.	Soc. des Cav. et des Prod. r. à Roquefort.	1450
id.	Saint-Beaulize	St-Beaulize	Louis Rigal à Roquefort.	550
id.	Ste-Eulalie-du-Larzac	Rouquet (le)	Soc. des Cav. et des Prod. r. à Roquefort.	460
id.	id.	Ste-Eulalie	id.	800
id.	id.	id.	Gr. Soc. P. Lebrou et Cⁱᵉ à Roquefort.	150
id.	id.	id.	Caves Mazerand aux Desroucades (Ste-Eulalie).	200
id.	St-Jean-et-St-Paul	Massergues	Soc. des Cav. et des Prod. r. à Roquefort.	1210
id.	id.	St-Jean-d'Alcas	id.	1200
id.	id.	Vialaret (le)	id.	1170
id.	Viala-du-Pas-de-Jaux (le)	Viala (le)	id.	470
id.	id.	id.	Louis Rigal à Roquefort.	700

Millau.

L'AVEYRON (Suite)

CANTONS	COMMUNES	LAITERIES	CAVES D'AFFINAGE	HECTOL.
Laissac	Cruéjouls	Cruéjouls	Soc. des Cav. et des Prod. r. à Roquefort.	590
id.	Gaillac	Gaillac	id.	1650
id.	Laissac	Palmas	id.	1990
Marcillac	Salles-la-Source	Lesclauzade	Soc. nouv. de Roq. à Tendigues-Roquefort.	2642
id.	id.	Souyri	id.	391
Millau	Aguessac	Aguessac	id.	1200
id.	id.	id.	Soc. des Cav. et des Prod. r. à Roquefort.	1480
id.	Compeyre	Compeyre	Cave Roques à Compeyre.	100
id.	id.	Pailhas	Louis Rigal à Roquefort.	1200
id.	Millau	Hôpital-du-Larzac	Soc. des Cav. et des Prod. r. à Roquefort.	560
id.	id.	Mas-Nau	Gr. Soc. P. Lebrou et Cⁱᵉ à Roquefort.	500
id.	id.	Millau	Soc. des Cav. et des Prod. r. à Roquefort.	1170
id.	id.	id.	Soc. nouv. de Roq. à Tendigues-Roquefort.	2165
id.	id.	Saint-Germain	Soc. des Cav. et des Prod. r. à Roquefort.	2300
id.	St-Georges-de-Luzençon	Craissaguet	Soc. nouv. de Roq. à Tendigues-Roquefort.	325
id.	id.	St-Geniez-de-B.	id	560
id.	id.	Saint-Georges	Soc. des Cav. et des Prod. r. à Roquefort	2200
Montbazens	Roussennac	Roussennac	Soc. nouv. de Roq. à Tendigues-Roquefort.	130
Nant	Cavalerie (la)	Cavalerie (la)	Louis Rigal à Roquefort.	800
id.	id.	id.	Soc. des Cav. et des Prod. r. à Roquefort.	2090
id.	Couvertoirade (la)	Blaquèrerie (la)	Sarrouy, Robert et Cⁱᵉ à Roquefort.	908

AVEYRON (Suite)

CANTONS	COMMUNES	LAITERIES	CAVES D'AFFINAGE	HECTOL.
Nant	Hospitalet (l')	Hospitalet (l')	Louis Rigal à Roquefort.	600
id.	id.	id.	Soc. nouv. de Roq. à Tendigues-Roquefort.	950
id.	Nant	Liquisse (la)	Soc. des Cav. et des Prod. r. à Roquefort.	1050
id.	id.	Mouline (la)	id.	1700
id.	St-Jean-du-Bruel	Saint-Jean-du-Bruel	id.	620
id.	Sauclières	Rougerie (la)	Cave syndicale du Luc (Gard).	170
id.	id.	Sauclières	Soc. des Cav. et des Prod. r. à Roquefort.	1060
id.	id.	id.	Soc. nouv. de Roq. à Tendigues-Roquefort.	704
Naucelle	Quins	Mothe (la)	id.	636
id.	Naucelle	Naucelle	Louis Rigal à Roquefort.	230
Peyreleau	Rivière	Peyrelade	Soc. des Cav. et des Prod. r. à Roquefort.	1200
id.	id.	Quézaguet	id.	830
id.	Roque-Ste-Marguerite(la)	Pierrefiche	id.	670
id.	id.	Resse (la)	Gr. Soc. P. Lebrou et Cⁱᵉ à Roquefort.	320
id.	St-André-de-Vézines	Vessac	Soc. des Cav. et des Prod. r. à Roquefort.	1450
Pont-de-Salars	Arques	Pérols	Gr. Soc. P. Lebrou et Cⁱᵉ à Roquefort.	700
id.	Flavin	Flavin	Soc. des Cav. et des Prod. r. à Roquefort.	1795
id.	Pont-de-Salars	Pont-de-Salars	id.	2950
id.	Prades-de-Salars	Gaujac	Soc. nouv. de Roq. à Tendigues-Roquefort.	539
id.	Trémouilles	Trémouilles	Beffre à Roquefort.	715
Réquista	Durenque	Boussac	Louis Rigal à Roquefort.	500
id.	id.	Durenque	Soc. des Cav. et des Prod. r. à Roquefort.	1090
id.	Réquista	Lincou	Gr. Soc. P. Lebrou et Cⁱᵉ à Roquefort.	1230
id.	id.	Réquista	Soc. des Cav. et des Prod. r. à Roquefort.	1450
Rignac	Anglars	La Remise	id.	50
Rodez	Druelle	Anglade (l')	Louis Rigal à Roquefort.	850
id.	Onet-le-Château	Tricherie (la)	Soc. des Cav. et des Prod. r. à Roquefort.	450
id.	Rodez	Rodez	id.	2300
id.	id.	id.	Soc. nouv. de Roq. à Tendigues-Roquefort.	3214
Saint-Affrique	Calmels-et-le-Viala	Moulin de Soulayrol	Soc. anon. des Prop. à Roquefort.	420
id.	id.	Vaute (la)	Louis Rigal à Roquefort.	750
id.	Labastide-Pradines	Labastide-Pradines	Gr. Soc. P. Lebrou et Cⁱᵉ à Roquefort.	350
id.	id.	Saint-Pierre	Louis Rigal à Roquefort.	200
id.	Roquefort	Mas (le)	id.	200
id.	id.	Roquefort	Soc. des Cav. et des Prod. r. à Roquefort.	1700
id.	id.	Tendigues	Soc. nouv. de Roq. à Tendigues-Roquefort.	1000
id.	Saint-Affrique	Cambon (le)	Soc. des Cav. et des Prod. r. à Roquefort.	2400
id.	id.	Cazotte (la)	Soc. anon. des Prop. r. à Roquefort.	420
id.	id.	Martinet (le)	Soc. des Cav. et des Prod. r. à Roquefort.	1710
id.	id.	Moulin de l'En	id.	1470
id.	id.	Pomarèdes (les)	Soc. des Cav. et des Prod. r. à Roquefort.	1220
id.	id.	Saint-Etienne	id.	510
id.	id.	Sauveplane	Louis Rigal à Roquefort.	700
id.	id.	Savignac	Soc. des Cav. et des Prod. r. à Roquefort.	610
id.	id.	Vailhausy	Soc. anon. des Prop. à Roquefort.	210
id.	Saint-Izaire	Boucal (le)	Soc. des Cav. et des Prod. r. à Roquefort.	1800
id.	id.	Bussels	Gr. Soc. P. Lebrou et Cⁱᵉ à Roquefort.	250
id.	id.	Rollendes	Soc. des Cav. et des Prod. r. à Roquefort.	1450
id.	id.	Saint-Izaire	id.	1290
id.	St-Jean-d'Alcapiès	Caussenuéjouls	Soc. nouv. de Roq. à Tendigues-Roquefort.	400
id.	St-Rome-de-Cernon	Mélac	id.	300

Saint-Izaire.

AVEYRON (Suite)

CANTONS	COMMUNES	LAITERIES	CAVES D'AFFINAGE	HECTOL.
Saint-Affrique	St-Rome-de-Cernon	Mélac	Gr. Soc. P. Lebrou et Cie à Roquefort.	360
id.	id.	St-Rome-de-Cernon	Louis Rigal à Roquefort.	1100
id.	id.	id.	Soc. des Cav. et des Prod. r. à Roquefort.	790
id.	Tournemire	Tournemire	Sarrouy, Robert et Cie à Roquefort.	1135
id.	Vabres	Mas-Imbert	Maria Grimal à Roquefort.	268
id.	id.	Salmanac	id.	305
id.	id.	id.	Gr. Soc. P. Lebrou et Cie à Roquefort.	750
Saint-Beauzély	Castelnau-Pégayrolles	Castelnau-Pégayrolles	id.	770
id.	Montjaux	Montjaux	id.	668
id	id.	id.	Soc. des Cav. et des Prod. r. à Roquefort.	520
id.	Viala-de-Tarn	Béloterie (la)	Beffre à Roquefort.	1450
id.	id.	Viala-de-Tarn	Soc. des Cav. et des Prod. r. à Roquefort.	1250
id.	Verrières	Souque (la)	id.	780
St-Rome-de-Tarn.	Ayssènes	Ayssènes	Soc. anon. des Prod. à Roquefort.	630
id.	Broquiès	Broquiès	Soc. des Cav. et des Prod. r. à Roquefort.	900
id.	id.	Combels (les)	Louis Rigal à Roquefort.	400
id.	id.	Costrix	Soc. anon. des Prop. à Roquefort.	420
id.	id.	Rouquet (le)	Soc. des Cav. et des Prod. r. à Roquefort.	950
id.	Costes-Gozon (les)	Mazels	Maria Grimal à Roquefort.	567
id.	id.	Saint-Michel	Louis Rigal à Roquefort.	400
id.	St-Rome-de-Tarn	Foncouverte	Soc. des Cav. et des Prod. r. à Roquefort.	1020

Saint-Rome-de-Tarn.

AVEYRON (Suite)

CANTONS	COMMUNES	LAITERIES	CAVES D'AFFINAGE	HECTOL.
St-Rome-de-Tarn	St-Victor-et-Melvieu	Bosc	Cave Mazerand aux Desroucades (Ste Eulalie).	80
id.	id.	Melvieu	Soc. anon. des Prop. à Roquefort.	400
id.	id.	id.	Cave Mazerand aux Desroucades (Ste-Eulalie).	80
id.	id.	Saint-Victor	Soc. nouv. de Roq. à Tendigues-Roquefort.	800
id.	id.	id.	Soc. des Cav. et des Prod. r. à Roquefort.	500
id.	id.	Sucaillou	Cave Mazerand aux Desroucades (Ste Eulalie).	750
id.	Truel (le)	Lux	Soc. anon. des Prop. à Roquefort.	630
id.	id.	Pradals	Maria Grimal à Roquefort.	100
id.	id.	Romiguière (la)	Soc. anon. des Prop. à Roquefort.	840
St-Sernin-s-R.	Brasc	Brasc	Soc. des Cav. et des Prod. r. à Roquefort.	720
id.	Combret	Bories (les)	Sarrouy, Robert et Cⁱᵉ à Roquefort.	1453
id.	id.	Combret	Louis Rigal à Roquefort.	390
id.	id.	id.	Soc. des Cav. et des Prod. r. à Roquefort.	1150
id.	Coupiac	Clamensac	Gr. Soc. P. Lebrou et Cⁱᵉ à Roquefort.	1535
id.	Laval-Roumeézière	Peyrade (la)	Soc. des Cav. et des Prod. r. à Roquefort.	1380
id.	id.	St-Maurice-d'Orient	id.	950
id.	Martrin	Martrin	Gr. Soc. P. Lebrou et Cⁱᵉ à Roquefort.	1670
id.	id.	id.	Louis Rigal à Roquefort.	1110
id.	Montclar	Montclar	Soc. des Cav. et des Prod. r. à Roquefort.	1500
id.	Plaisance	Plaisance	id.	890
id.	Saint-Juéry	Esclavels (les)	id.	470

Salles-Curan.

AVEYRON (Suite)

CANTONS	COMMUNES	LAITERIES	CAVES D'AFFINAGE	HECTOL.
St Sernin-s-R.	Saint-Juéry	Mas-de-Gos	Louis Rigal à Roquefort.	800
id.	id.	Saint-Juéry	id.	780
id.	id.	id.	Soc. des Cav. et des Prod. r. à Roquefort.	1170
id.	Saint-Serniu	Joncasse (la)	id.	970
id.	id.	Saint-Sernin	id.	500
Salles-Curau	Salles-Curan	Bouloc	id.	880
id.	id.	Canabières (les)	Louis Rigal à Roquefort.	900
id.	id.	Curan	id.	730
id.	id.	Vernhes (les)	Soc. des Cav. et des Prod. r. à Roquefort.	2400
id.	Villefranche-de-Panat	Besse (la)	id.	1410
Sévérac-le-Ch.	Buzeins	Buzeins	id.	1200
id.	Lapanouse-de-Sévérac	Lapanouse	Soc. nouv. de Roq. à Tendigues-Roquefort.	8710
id.	id.	Trivale (la)	Soc. des Cav. et des Prod. r. à Roquefort.	450
id.	Lavernhe	Lavernhe	id.	700
id.	Recoules-Préviuquières	Recoules	id.	1400
id.	Sévérac-le-Château	Blayac	Louis Rigal à Roquefort.	75
id.	id.	Saint-Dalmazy	Soc. des Cav. et des Prod. r. à Roquefort.	762
id.	id.	Sévérac	Louis Rigal à Roquefort.	850
id.	id.	id.	Soc. des Cav. et des Prod. r. à Roquefort.	1460
id.	id.	id.	Soc. nouv. de Roq. à Tendigues-Roquefort.	2810
id.	id.	Verlenque	id.	1267

CANTONS	COMMUNES	LAITERIES	CAVES D'AFFINAGE	HECTOL.
Vezins	St-Laurent-de-Lev.	Mauriac	Soc. des Cav. et des Prod. r. à Roquefort.	480
id.	id.	Saint-Laurent	id.	600
id.	Ségur	Ségur	id.	1680
id.	Vezins	Gleyzenove	Roques à Compeyre.	100
id.	id.	Ram (le)	Gr. Soc. P. Lebrou et Cⁱᵉ à Roquefort.	275
id.	id.	Vezins	Soc. des Cav. et des Prod. r. à Roquefort.	1550

CORSE

Ajaccio	Ajaccio	Ajaccio	Soc. des Cav. et des Prod. r. à Roquefort.	1000
Borgo	Borgo	Rasignani	Maria Grimal à Roquefort.	480
id.	Lucciana	Canonica	Louis Rigal à Roquefort.	1000
Calenzana	Calenzana	Calenzana	Soc. des Cav. et des Prod. r. à Roquefort.	1000
id.	id.	Galeria	Louis Rigal à Roquefort.	1000
Ile-Rousse	Ile-Rousse	Ile-Rousse	id.	680
id.	id.	id.	Soc. des Cav. et des Prod. r. à Roquefort.	1000
id.	id.	Lumio	Louis Rigal à Roquefort.	1700
Morosaglia	Morosaglia	Ponte-Leccia	Soc. des Cav. et des Prod. r. à Roquefort.	1000
Muro	Spéloncato	Régino	id.	1000
id.	id.	id.	Louis Rigal à Roquefort.	1000
Oletta	Oletta	Oletta	Maria Grimal à Roquefort.	489
Prunelli-di-Fiumorbo	Prunelli-di-Fiumorbo	Migliacciaro	Louis Rigal à Roquefort.	350
Vescovato	Vescovato	Casinca	id.	690
id.	Sorbo-Ocognano	Querciolo	Maria Grimal à Roquefort.	480
Vica	Sagone	Sagone	Soc. des Cav. et des Prod. r. à Roquefort.	1000

GARD

Alzon	Alzon	Alzon	Soc. des Cav. et des Prod. r. à Roquefort.	250
id.	Blandas	Blandas	id.	650
id.	Campestre-et-Luc	Luc (le)	Cave syndicale du Luc (Gard).	700
Trèves	Lanuéjols	Bories-de-Gras	Soc. des Cav. et des Prod. r. à Roquefort.	1800
id.	id.	Lanuéjols	Cave Benoit à Trèves (Gard).	700
id.	Trèves	Trèves	id.	800
id.	id.	id.	Cave Boussinesq père et fils à Trèves.	2.000

HÉRAULT

Bédarieux	Bédarieux	Bel-Air	Soc. des Cav. et des Prod. r. à Roquefort.	1450
Caylar (le)	Caylar (le)	Caylar (le)	id.	2400
id.	Rives (les)	Rives (les)	Soc. anon. des Prop. à Roquefort.	2420
id.	St-Maurice-de-la-Chastre	Saint-Maurice	Soc. des Cav. et des Prod. r. à Roquefort.	910
Lodève	Bosc (le)	Cartels	id.	1350
id.	Lodève	Campestre	Nouguier à Cénomes.	400
id.	id.	Lodève	Soc. des Cav. et des Prod. r. à Roquefort.	1460
id.	Vacquerie (la)	Vacquerie (la)	id.	1510
Lunas	Avène	Vinas	Maria Grimal à Roquefort.	473
id.	Brénas	Brénas	Cave de Lunas (Hérault).	1100
id.	Ceilhes-et-Rocozels	Ceilhes	Louis Rigal à Roquefort.	840
id.	id.	id.	Maria Grimal à Roquefort.	1160
id.	id.	id.	Soc. des Cav. et des Prod. r. à Roquefort.	1050
id.	Dio et Valquière	Vernazoubres	Cave de Lunas (Hérault).	1100
id.	Lunas	Lunas	Soc. des Cav. et des Prod. r. à Roquefort.	910

La Canourgue.

HÉRAULT-LOZÈRE

CANTONS	COMMUNES	LAITERIES	CAVES D'AFFINAGE	HECTOL.
Lunas	Lunas	Vasplongues	Soc. anon. des Prop. à Roquefort.	420
id.	Octon	Octon	id.	1080
id.	Roqueredonde	Tieudas	Louis Rigal à Roquefort.	750
id.	id.	id.	Soc. des Cav. et des Prod. r. à Roquefort.	920
Montpellier	Montpellier	Montpellier	Maria Grimal à Roquefort.	181
id.	id.	id.	id.	300
id.	Pignan	Pignan	id.	217
Roujan	Gabian	Paders	Louis Rigal à Roquefort.	200
Saint-Gervais	Castanet-le-Haut	Baraquette (la)	Soc. des Cav. et des Prod r. à Roquefort.	480

LOZÈRE

CANTONS	COMMUNES	LAITERIES	CAVES D'AFFINAGE	HECTOL.
Canourgue (la)	Banassac	Lamothe	Soc. nouv. de Roq. à Roquefort-Tendigues.	733
id.	Canourgue (la)	Canourgue (la)	id.	346
id.	Tieule (la)	Fagette (la)	Louis Rigal à Roquefort.	660
Chanac	Chanac	Chanac	Soc. des Cav. et des Prod. r. à Roquefort.	1140
id.	id.	id.	Soc. nouv. de Roq. à Roquefort-Tendigues.	1170
Massegros (le)	Massegros (le)	Massegros (le)	Soc. des Cav. et des Prod. r, à Roquefort.	1590
id.	Recoux (le)	Tensonnieu (le)	Sarrouy, Robert et Cⁱᵉ à Roquefort.	1817
id.	St-Georges-de-Lévéjac	Soulages	Soc. nouv. de Roq. à Roquefort-Tendigues.	1217
Meyrueis	Meyrueis	Meyrueis	Soc. des Cav. et des Prod. r. à Roquefort.	830

CANTONS	COMMUNES	LAITERIES	CAVES D'AFFINAGE	HECTOL.
Meyrueis	Parade (la)	Parade (la)	Soc. des Cav. et des Prod. r. à Roquefort.	1500
Ste-Enimie	St-Chély-du-Tarn	Mas-del-Val	id.	1230

TARN

CANTONS	COMMUNES	LAITERIES	CAVES D'AFFINAGE	HECTOL.
Lacaune	Espérausses	Espérausses	Soc. des Cav. et des Prod. r. à Roquefort.	780
id.	Lacaune	Lacaune	Gr. Soc. P. Lebron et Cⁱᵉ à Roquefort.	2980
id.	id.	id.	Soc. des Cav. et des Prod. r. à Roquefort.	2280
id.	Viane	Pierreségade	id.	1200
Murat-s-Vébre	Barre	Barre	Louis Rigal à Roquefort.	940
id.	Moulin-Mage	Moulin-Mage	Soc. des Cav. et des Prod. r. à Roquefort.	2110
id.	Murat-sur-Vébre	Murat-sur-Vébre	Louis Rigal à Roquefort.	730
id.	id.	id.	Soc. des Cav. et des Prod. r. à Roquefort.	860
id.	id.	Pont-de-Cabrier	id.	920
Valdériès	Andouque	Guillou	id.	300
id.	Saussenac	Capelle (la)	id.	600
Valence	Lédas-et-Penthiès	Lédas	Louis Rigal à Roquefort.	650
id.	Trébas	Trébas	Soc. des Cav. et des Prod. r. à Roquefort.	400
id.	id.	La Trivalle	Louis Rigal à Roquefort.	1300

STATISTIQUE DE LA PRODUCTION LAITIÈRE. — En récapitulant, on trouve les résultats suivants :

DÉPARTEMENTS	NOMBRE de laiteries	NOMBRE d'hectolitres traités	PART PROPORTIONNELLE dans la production
Aveyron	229	225.853	75.64 °/₀
Hérault	24	23.681	7.93 —
Tarn	14	16.050	5.37 —
Corse	16	13.869	4.65 —
Lozère	11	12.233	4 09 —
Gard	7	6.900	2.32 —
Total..............	301	298.586	100.00

A ces chiffres il y a lieu d'ajouter : 20130 hectolitres traités dans 25 laiteries non signalées ci-dessus (1) ; ce qui fait un total de 318716 hectolitres traités dans 326 laiteries.

On travaille en outre, d'autre part, 19646 hectolitres dans les fermes. La quantité totale de lait mis en œuvre pour la préparation du *roquefort* est donc de 338362 hectolitres qui servent à préparer 82000 quintaux métriques de fromage frais.

---

(1) Ce sont les laiteries des négociants qui ont refusé de fournir des renseignements.

Réception des fromages (Photographie de M. P. Lebrou).

IX

AFFINAGE AUX CAVES DE ROQUEFORT

NSTALLATION DES CAVES A FROMAGE. — Dans le passé les caves étaient constituées par des anfractuosités de rochers ou des couloirs naturels plus ou moins bien couverts et fermés dans lesquels on avait établi des planchettes pour y déposer le fromage.

Les plus anciens de nos contemporains se souviennent d'une caverne naturelle qui a disparu aujourd'hui avec les agrandissements successifs des établissements industriels de Roquefort et dans laquelle on pouvait voir naguère des planches à fromage.

Cette caverne était vraisemblablement un des refuges les plus anciens du *fromage de Roquefort.*

Actuellement les caves sont de vastes bâtiments construits au-dessus du sol fissuré. On y distingue plusieurs parties : *poids, saloir, réserve pour le sel, salle des machines et ateliers de menuiserie et de forge, caves proprement dites, salles frigorifiques, salles d'expédition et d'emballage, magasins de réserve pour les emballages, dortoirs et pensions des ouvrières, bureaux, etc., etc.*

Certaines caves sont très importantes et possèdent 4 et même 6 étages superposés au-dessus du niveau du sol et un égal nombre au-dessous. Dans ces grands bâtiments que l'on pourrait comparer à de vastes fourmilières, il y a des escaliers et, pour la manipulation des marchandises, des ascenseurs mûs par la vapeur ou par l'électricité (1) qui font correspondre entre eux les divers étages et facilitent le travail. La plupart des caves sont éclairées à l'électricité.

Les *caves proprement dites* sont les parties les plus essentielles de l'établissement ; elles sont seules creusées dans le roc et reçoivent directement l'air frais et humide produit par les fissures de celui-ci ; les autres services sont installés dans les étages supérieurs et émergent au-dessus du sol.

Ces *caves proprement dites* sont garnies de grandes étagères à rayons superposés (trois au moins), mesurant chacun un mètre de large et deux mètres lorsqu'ils forment des travées centrales ; la longueur de ces rayons est subordonnée à la longueur de la cave elle-même. Les étagères occupent les deux tiers environ de la superficie de chaque étage et sont séparées seulement par des couloirs de largeurs diverses indispensables au service qui occupent l'autre tiers. Ces étagères étaient jadis recouvertes de paille, s'il faut en croire les anciens auteurs ; aujourd'hui, les fromages reposent directement sur la planche que l'on nettoie au moment des raclages.

La superficie des étagères qui se trouvent dans toutes les caves de Roquefort mesurerait, si on les juxtaposait, plus de 6 hectares ! Ces chiffres donnent une idée de l'importance de ces caves. Cette importance s'accroit tous les jours par de nouvelles constructions.

Suivant leur situation, suivant la quantité et la qualité de leurs *fleurines* (c'est ainsi que l'on désigne les orifices par lesquels arrivent les courants d'air froid et humide), ces caves ont une valeur plus ou moins grande pour l'affinage. Les efflorescences de salpêtre qui se distinguent sur certaines *fleurines* sont considérées par les négociants comme exerçant une heureuse influence sur cet affinage.

Les meilleures caves sont celles où la température ne dépasse pas $+ 5°$ lorsqu'elles sont vides et $+ 7°$ à $+ 8°$ lorsqu'elles sont pleines de fromage. Il y en a malheureusement beaucoup dont la température est supérieure et atteint $+ 10$ ou $+ 12°$. Une cave, pour être bonne, doit recevoir assez d'air de ses *fleurines* pour que le volume total de cet air soit renouvelé au moins trois fois par jour. De nombreux essais anémométriques faits par M. Lebrou sur la

(1) L'énergie électrique, produite par une usine établie à Lapeyre, sur les bords de la Sorgue, non loin de Saint-Affrique, arrive à Roquefort, par une ligne aérienne, depuis le mois de septembre 1904.

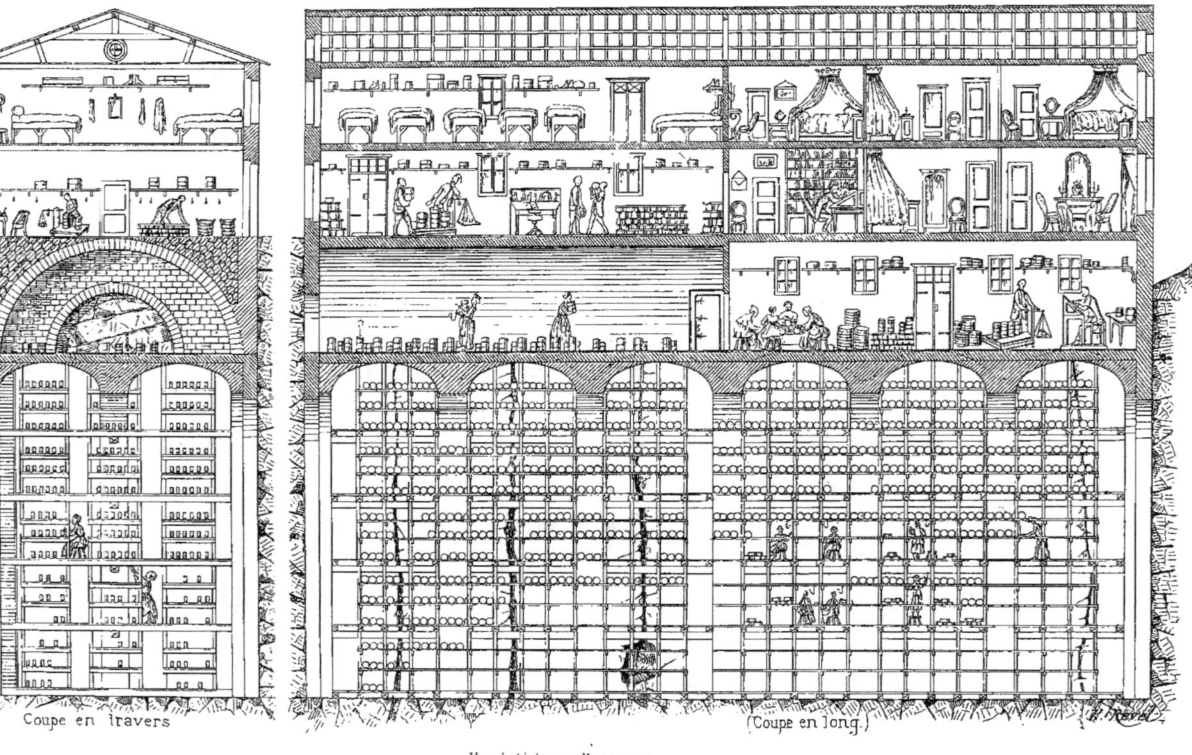

Coupe en travers

(Coupe en long.)

Vue intérieure d'une cave

plupart des *fleurines* de Roquefort, il résulte que, lorsque le vent du Midi souffle au dehors et en été, la vitesse des courants d'air atteint jusqu'à 3 mètres à la seconde.

Lorsqu'une cave manque d'air, on pratique des galeries dans la montagne jusqu'à ce que l'on arrive à la rencontre d'une faille (1).

Quant au degré d'humidité, il varie comme celui de la température : dans les bonnes caves, l'hygromètre de Saussure marque de 90 à 100°.

Ces conditions de température et d'humidité sont très favorables à la maturité du fromage : une température plus basse serait de nature à arrêter les transformations qui doivent s'opérer dans la pâte ; plus haute elle activerait trop la fermentation et le développement des microbes malfaisants ; un air plus sec dessècherait le fromage et ôterait à la pâte son moelleux ; un air plus humide lui enlèverait sa consistance et diminuerait sa conservation.

En résumé, l'air alimentant les bonnes caves y arrive à + 5° de température, saturé d'humidité et conserve cette température et cette humidité tant que la cave reste vide. Mais, dès qu'on y introduit du fromage, sous l'influence de la fermentation, la température s'élève et le degré hygrométrique diminue en raison de la quantité de sujets en traitement.

L'analyse chimique et bactériologique faite par M. Lebrou a démontré que l'air fourni par les *fleurines* était chimiquement pur, exempt de tous ferments et même d'acide carbonique.

RÉCEPTION ; SALAISON ; BROSSAGE ; PERÇAGE. — Les fromages arrivent à Roquefort, de bonne heure dans la matinée ; ils sont examinés au seuil de la *salle du poids* par des agents spéciaux et classés en catégories s'il y a lieu ; puis, on les place sur la bascule et on note leur poids et leurs qualités (2) sur une feuille dite *feuille de cave*.

Après cela, les fromages sont portés au *saloir*, où ils sont tout d'abord saupoudrés de sel fin sur leur pourtour et sur une de leurs faces, puis empilés par trois ; au bout de trois jours, on sale la face qui n'avait pas encore été salée et on empile de nouveau les fromages par trois pour les laisser encore 2 jours dans cet état. Le salage dure donc, en tout, 5 jours à une température de + 9° environ. Le saloir est d'autant meilleur qu'il participe davantage de la fraîcheur des caves. Le poids total de sel réellement utilisé est égal à environ 4 % du poids du fromage ; le poids employé est de 10 % ; il s'en perd donc 6 %.

---

(1) Le Conseil municipal de Roquefort a voté, en 1904, une taxe municipale sur les galeries d'air creusées dans le tréfonds des communaux. On estime que le revenu annuel de cette taxe sera de 3 000 francs environ.

(2) Avant la multiplication des fromageries, lorsque les fermiers faisaient eux-mêmes les fromages, tous les pains n'étaient pas *acceptés* par les établissements d'affinage ; ceux qui présentaient quelque défectuosité étaient *rebutés* et préparés pour le compte du producteur qui les écoulait ensuite comme il l'entendait.

A la suite du salage, il se forme sur la surface une couche gluante désignée sous le nom de *pégot* et constituée par la bavure du sel, du petit-lait et des microorganismes : *Oïdium lactis, Mycodermas,* etc. Le *pégot* est enlevé avec un linge ou une brosse. L'enlèvement du *pégot* était fait autrefois avec un couteau à lame affilée et produisait un déchet de 5 %. Aujourd'hui, avec le brossage, le déchet n'est que de $1/2$ pour cent.

Pesage des fromages.

Dans les grandes caves, ce travail est fait par une machine mue à la vapeur appelée *brosseuse* qui nettoie, sans faire plus de déchet, 9 à 10 pièces à la minute.

La *brosseuse* est essentiellement constituée par un chariot horizontal à mouvement alternatif, trois brosses dont deux horizontales et une verticale, deux mors et deux plateaux horizontaux et arrondis animés d'un mouvement circulaire. Un fromage étant placé sur le chariot est entraîné automatiquement et maintenu entre les deux mors, pendant que les deux brosses horizontales tournant avec une vitesse de 600 tours à la minute nettoient simultanément les deux plats. Le fromage est pris ensuite entre les deux plateaux horizontaux qui l'animent d'un mouvement de rotation en sens inverse de celui de la brosse verticale et il est nettoyé sur ses côtés. Puis, un levier repousse le fromage à l'extérieur.

Trois femmes sont nécessaires pour le service de la machine : une pour placer le fromage sur le chariot, une seconde pour l'enlever à sa sortie de la *brosseuse* et une troisième pour amener à la machine, avec un vagonnet, les pièces à brosser et pour enlever le fromage nettoyé.

On arrive ainsi à passer, avec une brosseuse, 4500 à 5000 fromages par journée de 8 heures, tandis qu'une femme n'en racle au couteau que 300 à

Salage des fromages.

400. Une brosseuse réduit donc le nombre de femmes de 12 à 3 et le déchet de 5 °/₀ (avec le couteau) à 0,5 % (1).

La couche gluante ou *pégot* que l'on enlève, soit par le raclage soit par le brossage, intercepte toute communication de l'air avec l'intérieur de la pâte. C'est afin de faciliter l'accès de l'oxygène nécessaire au développement du *Penicillium glaucum* que l'on débarrasse la surface de cette matière. On supprime, en même temps, les microbes nuisibles qu'elle contient.

---

(1) L'économie réalisée par une *brosseuse* peut s'évaluer comme il suit : 4500 fromages à 2 kil. 500 l'un = 11 500 kil.; d'où déchet économisé = 11 500 × 4,5/100 = 517 kil. 50 à 1 fr. = 517 fr. 50, en chiffres ronds 520 fr.; + 9 ouvrières à 2 fr. par jour = 18 fr.; au total, 538 fr. par jour et, pour cent journées de travail, 53 000 fr. Le coût d'une *brosseuse* en place étant de 8000 fr., on peut évaluer à 2000 fr. les frais annuels comprenant l'amortissement, les intérêts, l'entretien et la force motrice. D'où il résulte qu'on réalise avec la brosseuse une économie nette de 51 800 fr. pour cent journées de travail.

On emploie, dans les mêmes grandes caves, une autre machine, la *piqueuse*
(1), à l'aide de laquelle on pratique dans le fromage, après le raclage, de 20
à 60 trous de 3 mm. de diamètre. Cette opération a pour but de mettre les
spores et le mycelium de *Penicillium glaucum* à l'intérieur du fromage en contact avec l'air humide des caves, de façon à hâter le développement de cette
mucédinée et à activer l'affinage.

Brossage des fromages.

Une toile animée d'un mouvement de va-et-vient horizontal présente successivement les pains de fromage à un plateau garni d'aiguilles qui est animé
d'un mouvement alternatif de haut en bas. Le fromage est ensuite entraîné
par la toile. Trois ouvrières suffisent pour faire fonctionner cette machine qui
perce dix à douze pains par minute.

(1) C'est à l'initiative de M. Coupiac, ancien directeur de la *Société des Caves réunies*, qu'est due
l'introduction dans l'industrie de Roquefort, des *brosseuses* et des *piqueuses*, il avait depuis longtemps
l'idée que le brossage et le piquage pouvaient être aussi bien et plus promptement exécutés à l'aide de
machines. Il fit venir, en 1872, un constructeur de Paris à qui il soumit son idée et qui se chargea de
la réaliser. En 1873, les machines fonctionnaient dans les caves de la *Société*.

AFFINAGE. — Après avoir été classés en catégories, suivant qu'ils sont plus ou moins secs, les fromages sont portés dans la *cave proprement dite*, les plus secs dans les caves dont l'air est saturé d'humidité, les autres dans les caves les moins humides ; on les met de champ, sur les étagères, à quelques centimètres les uns des autres ; l'opération porte le nom de *mise en plies*.

Piquage des fromages.

Les fromages ne tardent pas à former une croûte blanche parsemée de taches bleues constituées par des touffes de moisissures (*Penicillium* divers (1), *Aspergillus*, *Oïdium lactis* ou *auranliacum*, *Mycodermes*, etc., que l'on enlève, à l'aide d'un couteau à large lame et à manche étroit, tous les dix ou quinze jours.

Cette opération porte le nom de *revirage* ; si on la négligeait le fromage serait privé d'air par l'enveloppe cryptogamique compacte qui l'entoure et l'affinage tournerait mal. Le déchet (*révérun* ou *rébélun*) est donné en nourriture

(1) Les touffes de *Penicillium glaucum*, d'abord blanches, bleuissent peu à peu à mesure que les organes fructifères arrivent à maturation et c'est lorsque le fromage a bleui sur le tiers environ de sa surface, au bout de 20 à 25 jours de cave, qu'il est prêt à être raclé.

aux porcs et vaut 5 centimes le kil. (1). Dès qu'on a enlevé cette couche glaireuse où grouillent des myriades de microbes, on peut, si le fromage est avancé en maturation, le racler encore sur 2 ou 3 millimètres et enlever la partie extérieure de la croûte. Cette croûte pétrie, appelée *rebarbe rouge*, constitue un aliment très apprécié dans la région que l'on mange généralement grillé ; on la vend 60 à 70 fr. les 100 kil. La *rebarbe* est tonique et sti-

Revirage des fromages.

mulante pour l'estomac ; on la livre de suite à la consommation ou on la conserve en cave dans des pots de grés.

Les ouvrières peuvent *revirer* 300 fromages par jour ; elles les remettent ensuite *en plies* après avoir nettoyé les étagères. Le *revirage* est très onéreux, soit comme main-d'œuvre, soit comme déchet. Une machine qui donnerait le moyen de faire cette opération permettrait sans doute de réaliser de sérieuses économies. Il n'est peut-être pas impossible de trouver cette machine ; espérons qu'on la trouvera.

Après la première *reviraison*, l'acidité des fromages ayant plus ou moins disparu, le *Penicillium* ne se développe plus à la surface et laisse la place à

(1) Le *révérun* est composé, en moyenne, de 57 °/₀ de matière grasse et 43 °/₀ d'eau.

une série de ferments aérobies, qui grouillent par myriades, formant une couche glaireuse de couleur jaunâtre. Il est essentiel, pour éviter la fermentation putride et mener à bien l'affinage, d'enlever, comme nous venons de l'indiquer, cette couche tous les 10 ou 15 jours. Mais ce n'est pas impunément qu'on cherche à avoir un bon produit, car, à chaque *reviraison*, on n'enlève pas moins de 1 à 2 % du poids du fromage.

Après 2 *reviraisons* les fromages sont de nouveau classés suivant leur qualité ; ils sont dès lors mangeables ; après la 4ᵉ *reviraison* ils dégénèrent ; leur couleur ternit et ils deviennent piquants. Alors, la masse étant complètement alcaline, le *Penicillium* dont la végétation à la surface a été arrêtée dès la 1ʳᵒ *reviraison* ne se développe plus, même à l'intérieur, et ce sont exclusivement les ferments aérobies et anaérobies qui travaillent.

Type de cabanière.

Ces diverses opérations font subir au fromage un déchet (1) de 16 à 22 %, suivant la perfection de l'outillage, le degré de salure, la saison, la qualité

(1) Les rats contribuent, dans une certaine mesure, à la production de ce déchet et commettent des dégâts considérables. Plusieurs usiniers ont eu l'idée de les détruire avec le virus Danysz, qui a donné des résultats divers et sur l'efficacité duquel on ne semble pas complètement fixé. Pour se débarrasser des rats par les anciens procédés, on les empoisonne régulièrement tous les huit jours.

du fromage, etc. [Ce déchet peut augmenter de 4 à 6 % par mois lorsque le fromage est maintenu en cave après sa maturation.

Les *caves* sont dirigées par un chef d'exploitation secondé par des employés hommes (1), pour la surveillance, la réception et l'expédition, et par des *cabanières* (2) pour les autres travaux. Il y a 90 %, de femmes dans ce personnel. Les usines comprennent en outre des ouvriers spéciaux, mécaniciens pour la machinerie, menuisiers pour l'emballage, camionneurs ou charretiers pour les transports.

Les *cabanières*, nourries, logées (3) et éclairées, restent aux caves de 4 à 11 mois 1/2, suivant que le travail presse plus ou moins, et travaillent 9 heures par jour. Elles gagnent environ 2 fr. par jour, gages et nourriture compris.

Les *cabanières* sont constamment chaussées de sabots pour résister au froid ; elles portent d'épais bas de laine noire, un jupon très

Types de cabanières.

(1) Pour le travail des caves, les employés sont revêtus de longues blouses qui protègent leurs effets.

(2) Cette dénomination de *cabanière* s'explique par ce fait que les caves primitives n'étaient que des grottes ou *cabanes* naturelles formées par les excavations des rochers ou bien derive du mot *cabo* qui veut dire cave.

(3) Les dortoirs des cabanières sont assez confortables, assez vastes et bien aérés. « Chaque cabanière

court ne descendant guère au dessous du genou (1) ; elles ont un large tablier à bavette en toile forte pour protéger leurs effets ; ce tablier porte
parfois un matricule. Jeunes, vives et alertes, pour la plupart, ces ouvrières
ne paraissent pas souffrir de leur existence souterraine ; elles travaillent
presque toujours en chantant et leur gaité étonne le visiteur.

La dextérité des *cabanières* dans le maniement des pains un peu friables
dans les commencements est remarquable : tenant le fromage dans le creux
de la main gauche, elles l'appuient légèrement sur la poitrine, tandis que, de
la main droite, elles passent rapidement le couteau sur le pourtour et les
deux faces.

Les *cabanières* sont recrutées dans la région ; on leur accorde la journée
du dimanche pour aller dans leur famille ; dans ce but, le travail cesse le
samedi à midi.

Les fromages passent en cave de 1 à 4 mois, suivant les demandes de la
consommation, suivant la qualité et suivant la température de la cave. On peut
d'ailleurs, à leur entrée, fixer à peu près la durée de leur séjour en les piquant et en les salant plus ou moins : une salaison abondante et la réfrigération dont nous parlerons plus loin retardent la maturation ; de nombreuses
piqures et une température relativement élevée l'accélèrent.

En dehors des détails techniques que nous venons de passer en revue, les
industriels de Roquefort possèdent certains tours de main sur lesquels il ne
nous est pas permis de trop nous appesantir et qui conserveront le monopole
de la fabrication pendant de longues années.

CONSERVATION ; RÉFRIGÉRATION. — Après leur maturation, les fromages
doivent être expédiés et consommés le plus tôt possible, car un séjour trop
prolongé dans les caves augmente leur saveur piquante et les fait dédaigner
des amateurs de fromage doux. D'ailleurs, les fromages maintenus en cave
après leur maturité produisent un déchet inévitable d'environ 4 et même
6 % par mois, dans les caves médiocres ou surchargées de marchandises. Si
l'on garde, par conséquent, pendant six mois après leur maturation, des fromages dans une cave, on a un déchet de 24 à 36 % qui n'est pas compensé
par une augmentation de qualité. Cette qualité diminue, au contraire, d'une
façon constante et progressive à partir de la 4e reviraison.

Cependant il y a des moments de mévente : à la saison des fruits, et en

<hr>

possède un lit et une table. Le long des murs courent des étagères où sont placés de menus objets de
toilette, les vêtements et quelques colifichets (la coquetterie féminine, même à Roquefort, n'abdique pas
ses droits). Le dortoir est placé sous la surveillance d'une cabanière plus âgée qui veille au maintien de
l'ordre et de la propreté. » (H. Vialettes).

(1) Les cabanières d'il y a 30 ou 40 ans portaient, en outre, un petit châle noué derrière le dos et un
bonnet recouvert d'un foulard ou d'un tricot aux couleurs éclatantes, ainsi que des manches de toile,
serrées au poignet et au coude. Ces accessoires d'un autre âge ont aujourd'hui complètement disparu
au moins chez les jeunes qui, plus coquettes, vont en taille et en cheveux soigneusement relevés.

particulier des fruits rouges (fraises, cerises, etc.), pendant les fortes chaleurs de l'été, par exemple, les fromages sont moins demandés et, du reste, se comportent mal en voyage, de sorte que les marchandises s'accumulent dans les caves au point de les encombrer et de provoquer un relèvement de température défavorable à la conservation (1).

D'autre part, la production ne durant que six mois de l'année, les con-

Salle des machines pour la production du froid.

sommateurs sont privés, pendant le reste du temps, de fromages préparés à leur convenance, la plupart d'entre eux les trouvant trop avancés à un moment donné.

Pour remédier à ces inconvénients, maintenir au point voulu des fromages arrivés à un degré de maturation déterminé et éviter la dépréciation du produit affiné et le déchet, les industriels de Roquefort, s'inspirant des procédés frigorifiques employés pour la conservation des viandes, ont établi, depuis quelques années, des réfrigérants.

Ces réfrigérants sont essentiellement constitués par des salles de capacité variable, bien cimentées à l'intérieur pour éviter l'accès de l'air et convena-

(1) C'est précisément au moment où, par suite de la saison des fruits rouges et des chaleurs, la vente est la moins active que la production, dans les laiteries, est la plus intense.

blement isolées sur toutes leurs parois par des corps mauvais conducteurs de la chaleur.

Dans ces salles, on envoie, par une canalisation placée au plafond, de l'air froid qui est produit et refoulé par une machine (1). Cet air froid se répand dans la salle et descend vers le sol. Quant à l'air réchauffé, il s'échappe, étant plus léger, par une seconde canalisation également placée au plafond.

Les fromages placés dans ce milieu peuvent se conserver pendant un an et plus, dans l'état où ils se trouvaient au moment de leur entrée, si on maintient une température constante de 0 C. environ. Les fermentations, à cette température, sont presque complètement enrayées.

Les chambres frigoriques permettent ainsi de conserver au fromage ses qualités tout en supprimant le déchet (2), d'obtenir l'équilibre dans les livraisons de l'usine, sans attente de la part du consommateur, sans à-coup et sans interruption dans le service.

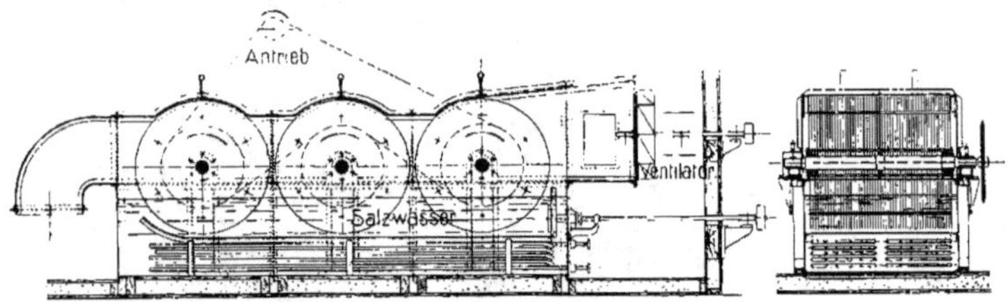

Appareil rotatif, système Linde, coupe.

Toutefois, les fromages sortis des réfrigérants ne sont pas à l'abri de tout reproche, lorsque l'opération a été mal conduite, et se distinguent facilement, avec un peu d'expérience, des fromages non réfrigérés. Outre qu'ils sont plus friables et se brisent facilement, ils possèdent un goût de renfermé qu'on est obligé de leur faire perdre par une nouvelle exposition à l'air des caves. Ce n'est pas tout : la fermentation des fromages, un moment ralentie ou même

---

(1) La réfrigération est généralement obtenue, d'après le système Linde, par l'ammoniaque. Ce produit liquide est comprimé à une pression variant de 6 à 10 kil. à laquelle il se liquéfie ; en s'évaporant ensuite il se refroidit considérablement à plusieurs degrés au dessous de zéro. « Ce gaz très froid, dit M. H. Vialettes, est refoulé dans une série de tuyaux plongeant dans de grands bacs remplis d'eau saturée de chlorure de calcium pour abaisser son point de congélation. Dans chacun des bacs sont trois séries de grands disques métalliques disposés de telle façon qu'ils traversent alternativement l'eau et l'air ; ils provoquent ainsi une agitation de l'eau considérablement refroidie par le passage de l'ammoniaque gazeux, par conséquent un refroidissement de l'air ambiant. Un ventilateur fonctionne au-dessus des disques métalliques, chasse l'air glacé dans des conduits qui l'amènent au réfrigérant. Quant à l'ammoniaque évaporée elle est, à la sortie des tuyaux, envoyée dans des condenseurs qui la font redevenir liquide. Elle est ensuite renvoyée dans le compresseur, puis détendue et le même cycle de transformations recommence. C'est toujours la même matière qui sert ; il n'y a lieu d'en ajouter de nouvelle que pour compenser les fuites ou les pertes résultant du nettoyage des appareils. »

(2) Dans les caves où on ne possède pas de réfrigérant, on enveloppe de papier d'étain après la 2ᵉ ou 3ᵉ *reviraison*, les fromages que l'on désire conserver quelque temps. Mais quoique sensiblement ralentie, la fermentation n'est pas enrayée et ce procédé de conservation ne vaut pas celui de la réfrigération.

arrêtée, redouble d'intensité à la sortie des réfrigérants comme cela se passe d'ailleurs pour les viandes et la plupart des produits conservés par le froid.

Certains négociants ont élargi le rôle des réfrigérants au point d'en faire la base de leur affinage. Dans ce but, ils ont construit de véritables caves

Appareil rotatif, système Linde, côté ventilateur.

artificielles comprenant un certain nombre de chambres frigorifiques où l'on peut non seulement abaisser la température, mais encore régler le degré hygrométrique.

Les fromages, à leur arrivée, sont salés et piqués, enveloppés dans une feuille d'étain, dans le double but d'éviter leur dessiccation et l'oxydation de la matière grasse, puis fortement réfrigérés, de façon à enrayer ou, tout au moins, à ralentir considérablement la fermentation, les microbes ne se développant pas ou presque pas à une température voisine de 0^n.

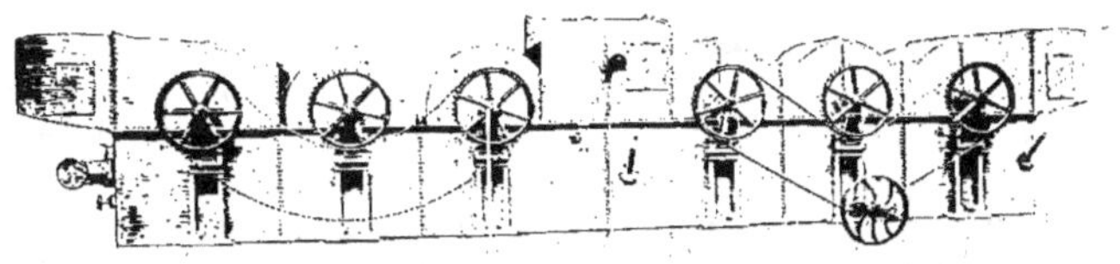

Appareil rotatif, système Linde, côté opposé au ventilateur.

Au fur et à mesure des demandes, la maturation de certaines chambres est activée par un réglage approprié de la température et de l'hygrométrie et, en fin de compte, les fromages sont transportés dans une cave naturelle de Roquefort pour y terminer leur affinage et perdre, à l'air libre de cette cave, le léger goût de renfermé qu'ils peuvent avoir contracté au réfrigérant ; ils sont ensuite livrés à la consommation.

Le graphique ci-après, qui nous a été communiqué par M. P. Lebrou, nous renseigne sur le mouvement comparatif des entrées et des sorties dans une industrie affinant annuellement 500 000 kil. de fromages avec ou sans réfrigérant. On y voit que l'entrée étant la même, le déchet est bien plus faible si on utilise les réfrigérants ; en d'autres termes, le poids vendu à chaque époque pour une même entrée est bien plus fort dans le premier cas que dans le second.

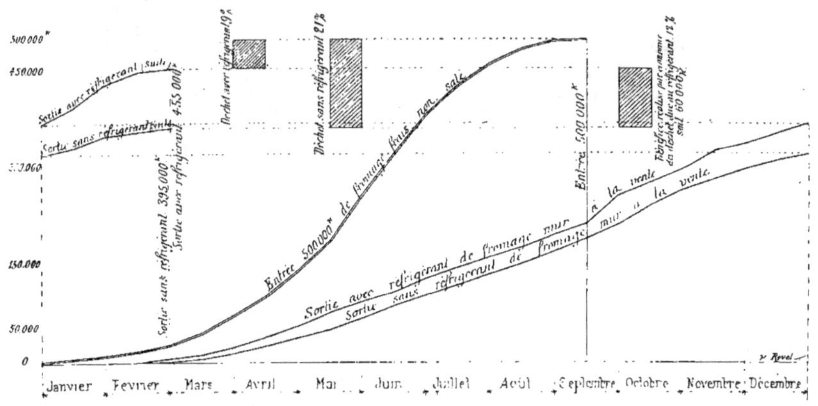

Graphique des entrées et des sorties mensuelles dans une cave ou dans un réfrigérant,
par M. P. Lebrou, Ingénieur E. C. P.

PHÉNOMÈNES DE LA MATURATION. — Les transformations qui s'opèrent dans la masse du fromage sont dues à des microorganismes entrevus par Payen, Boussingault, etc., et étudiées par Pasteur, mais surtout par Duclaux (1). Les principaux sont, pour le *roquefort :* les *ferments lactiques,* diverses *mucedinées* parmi lesquelles le *Penicillium glaucum,* divers microbes de maturation.

Le rôle des *ferments lactiques* est de transformer la lactose du sucre de lait en acide lactique. Cette transformation se fait régulièrement quand on opère avec du lait sain et que la fabrication est bien menée ; mais, dans certains cas, les *ferments lactiques* sont remplacés par des *levures,* des *ferments butyriques* ou autres qui, à l'encontre de ce qui doit exister, transforment le sucre de lait en alcool, acide carbonique, hydrogène, etc. et produisent le gonflement des pains bien constaté dans les laiteries lorsque le lait n'a pas toute la propreté désirable et lorsque le temps est chaud et orageux. Normalement les ferments lactiques sont indispensables pour aider à l'action de la présure dans la coagulation et l'égouttage du caillé ; mais ils sont aussi des

(1) E. DUCLAUX. *Le lait.*

plus utiles pour la défense contre les ferments nuisibles et pour la régulation
de la maturation (J. Arthaud-Berthet (1). D'autre part, les *ferments lactiques*, en
milieu neutre, s'attaquent à la caséine et la solubilisent (Kayser, de Freun-
dereich).

Le *Penicillium glaucum* produit une saponification de la matière grasse d'où
résultent la sapidité et l'odeur spéciales au *roquefort*. Il détruit l'acide lactique et neutralise le milieu de façon à préparer le terrain pour le développement et l'action des ferments de la caséine. Il produit également une diastase, la *caséase*, dont le rôle est de solubiliser la caséine. Le mycelium de
cette mucédinée étant blanc, c'est au développement de ses spores qu'est due
la couleur bleue ou *persillé*, observée dans le *roquefort*.

Le *Penicillium glaucum*, d'après M. Duclaux (2), est un assez médiocre producteur de diastases et vit difficilement dans la pâte du fromage : toutes les
pratiques usitées dans l'industrie roquefortaise (ensemencement abondant de
spores de *Penicillium*, abaissement considérable de la température qui paralyse le développement des autres espèces microscopiques et laisse le champ
libre à la bienfaisante mucédinée, piquage et raclages ayant pour effet de
faciliter l'arrivée de l'air, etc.), ont pour but de favoriser son développement.

La poudre de pain moisi dont on se sert pour ensemencer le fromage de
Penicillium glaucum, ne contient pas que des germes de cette mucédinée ; elle
renferme en outre, quoique en moindre abondance, des semences d'*Aspergillus niger*, de divers *mucors* et de beaucoup d'autres microbes dont l'action doit
contrarier, dans une certaine mesure, les effets du *Penicillium glaucum*. Si
l'on arrivait à remplacer l'ensemencement actuel fait avec le pain moisi, par
l'ensemencement de cultures pures sélectionnées, on réaliserait un grand progrès ; l'obtention de ces cultures pures ne présente d'ailleurs pas de grandes
difficultés ; mais elles doivent être soigneusement préparées et employées en
parfait état. Il y aurait un grand danger à utiliser des cultures non contrô-
lées, non préparées par un laboratoire spécial et, par suite, ne présentant aucune garantie.

Dans la pâte devenue neutre, sous l'action des moisissures, d'autres ferments, d'après M. Duclaux, les *tyrothrix*, par exemple, les uns aérobies, les
autres anaérobies peuvent évoluer. Ces ferments secrètent une diastase, la *caséase* qui liquéfie et solubilise, ou, en d'autres termes, décoagule une partie de
la caséine et détruit le travail de la présure.

En résumé, la transformation du gâteau de caséine en ce produit sapide,
agréable, qu'est le fromage affiné, est l'œuvre de toute une série d'organismes : *ferments lactiques, moisissures, ferments de la caséine*, agissant dans des

---

(1) J. Arthaud-Berthet. *Sur l'Oïdium lactis et la maturation de la crème et des fromages* (*Compt. rend.
Acad. sciences*, t. CXL, p. 1475-1477.
(2) E. Duclaux. *Le lait.*

conditions très étroites de milieu, de température, d'humidité et l'on peut même ajouter d'éclairement (1).

Enfin, d'après MM. Babcok et Russel, professeurs américains, le lait contient un ferment, la *galactase* qui, agissant sur la caséine du lait, rend digestible le caillé et le transforme peu à peu en un produit soluble et assimilable. Alors que l'action de toutes les autres bactéries est considérablement ralentie et même détruite au-dessous de zéro, celle de la *galactase* continue à s'exercer et s'exerce exclusivement à toute bactérie ou moisissure (2).

COMPOSITION DU FROMAGE. -- La composition du *roquefort* varie avec le degré de maturation, ainsi que le démontrent les analyses suivantes :

1° Fromage frais, au moment de l'entrée aux caves :

Caséine totale	85,43 %
Matière grasse	1,85
Acide lactique	0,88
Eau	11,84
Total	100,00

2° Fromage mûr à point ayant séjourné environ deux mois en cave : M. Duclaux a trouvé pour un fromage excellent, les proportions suivantes :

Caséine totale	20,00 %
Matière grasse	35,18
Chlorure de sodium	4,21
Sels minéraux	1,77
Eau	38,84
Total	100,00

Caséine filtrable des 20 % précédents	8,80 %
Ammoniaque libre	0,58

La composition moyenne des fromages mûrs à point varie dans les limites suivantes :

Matière grasse	20,0 à 36,0 %
Chlorure de sodium	3,5 à 4,5
Eau	38,5 à 41,0

(1) J. ARTHAUD-BERTHET. *Communication au 2ᵉ Congrès international de laiterie*, Oct. 1905.
(2) *Maturation des fromages à basse température*, 1901.

Groupe de cabanières.

X

COMMERCE

MAISONS DE ROQUEFORT. — Il y a actuellement, à Roquefort, 12 à 15 maisons qui exploitent une soixantaine de caves (1) appartenant à des propriétaires différents. A diverses époques, le plus grand nombre de ces caves a été groupé et fusionné par des sociétés plus ou moins puissantes qui continuent à les utiliser malgré les inconvénients qui résultent de ce fractionnement au point de vue de la surveillance et de la main d'œuvre.

<hr>

(1) Nous énumérons ci-dessous, par ordre alphabétique, les caves dont il nous a été donné de connaître les noms. Ce sont les caves Abeille, Arlabosse-Leloin, Armand, Ph. Arnal, P. Arnal et Marcorelles, Barragnodes, Barriac, Besse, Beffre, Le Bousquet, Broussou, Cabanelle, Cadillac, Calmes, Carrière, Caylet, Celles, Le Cellieyras, Charles, Combes, Coulet, Coupiac, Coupiac-Leloin, Delcamp, l'Enfer, Gastal, Gaubert, Genieys, Jacques, Lafendasse, Laporte, Laumière, Leplo, Le Loubat, Madame, Massol, Mialane, Molinier, Nicolas, Niel, Paliès, Le Parrou, Recoules, Reynes, Rigal, Rivemale, Rodat, Roussel, Rachou, Saint-Félix, Salze,

La *Société des Caves réunies* qui date de 1842 et qui devint en 1881 *Société des Caves et des Producteurs réunis* a absorbé depuis, par fusion, en 1896, la *Société anonyme des Caves et des Producteurs de fromage de Roquefort*. Elle met en œuvre un capital de 6 500 000 francs.

« M. Coupiac en fut le directeur de 1881 à 1891. Par son impulsion, sa tenace volonté, avec des qualités organisatrices extrêmement remarquables, M. Coupiac développa prodigieusement les affaires de la *Société*, créa de vastes et importantes usines, desservies par toute une machinerie perfectionnée (brosseuses, perceuses, ascenseurs, wagonnets..., plus tard, machines frigorifiques, laiteries, etc.) M. Massol a succédé à M. Coupiac. Sous sa direction, la *Société*

Marque de la *Société des Caves et des Producteurs réunis*.

marche énergiquement. M. Massol est du reste secondé par un personnel d'une très grande compétence ; aussi la *Société* étend-elle toujours son champ d'action et progresse-t-elle d'une façon continue. Pour donner satisfaction à des demandes toujours croissantes, elle construit, en ce moment, de nouvelles caves ; elle fouille le roc, et ces nouvelles excavations seront transformées en caves qui seront les modèles du genre et aussi les plus grandes, les plus spacieuses, les plus profondes puisqu'elles comprendront six étages. L'entreprise est lourde, délicate et difficile. Nul doute qu'elle ne soit menée à bien par l'actif directeur de la *Société*. Celle-ci expédie annuellement 3 800 000 kil. de fromage.

» La maison de M. *Louis Rigal* est la deuxième de Roquefort comme importance. Elle expédie annuellement 1 000 000 de kilos de fromage. L'organisation de la maison est très bien comprise. L'installation des machines, des frigorifères ne laisse rien à désirer ; la salle des machines, en particulier, presque lu-

Sambucy, Sarrouy, Serres, Le Soutou, Symal, Teyssié-Solier, Terrasse, de Varroquier, Vernhet, Vernières. Quelques-uns de ces noms de caves évoquent des marques aujourd'hui disparues : la plupart de ces établissements ont été absorbés par des sociétés anonymes, les autres sont affermés aux maisons qui exploitent actuellement.

xueuse en sa simplicité est à remarquer : pavée, pour faciliter de minutieux nettoyages, elle est d'une propreté hollandaise. Le personnel, actif, bien stylé, tenu constamment en haleine, seconde fort bien les efforts de M. Louis Rigal (1) ».

Marque de la maison *Louis Rigal.*

La *Société Nouvelle de Roquefort* date de 1899. Elle a hardiment innové; et construit, sur le territoire de la commune de Roquefort, une vaste usine. Sous l'intelligente et active direction de M. A. Trémolet qu'une longue carrière a depuis longtemps rompu à tous les détails de la pratique, cette société, créée

Marque de la *Société Nouvelle de Roquefort.*

au capital de 1 000 000, a rapidement surmonté les difficultés du début et pris un rang des plus honorables dans le commerce de Roquefort. Elle expédie tous les ans 840 000 kilos de fromage.

(1) H. VIALETTES. *De l'Industrie fromagère du roquefort.*

La *Grande Société P. Lebrou et C*, fondée en 1900, est encore une maison jeune et innovatrice. Bien dirigée par M. P. Lebrou, ingénieur des Arts et Manufactures, dont les connaissances théoriques ont été heureusement complé-

Marque de la *Grande Société P. Lebrou.*

tées par un stage pratique de plusieurs années et par les conseils autorisés d'un père qui a acquis dans l'industrie roquefortaise une légitime réputation de compétence, cette *Société* n'a pas tardé à se créer une belle place au soleil et à se distinguer par l'excellence de ses produits. Elle produit annuellement 380 000 kil. de fromage.

Marque de la maison *Maria Grimal.*

La maison de Mademoiselle *Maria Grimal* sous une direction attentive s'est considérablement développée depuis quelques années et compte parmi les plus appréciées : elle expédie annuellement 350 000 kil. de fromage.

Citons encore, parmi les meilleures marques :

La maison *Sarrouy, Robert et Cie* qui produisent 360 000 kil. par an.
La *Société anonyme des propriétaires* qui affine 220 000 kil. par an.
Le *Syndicat des Producteurs du Dourdou et des Causses* qui affine 120 000 kil.
La maison *Beffre* qui expédie 90 000 kil.

Les autres négociants de Roquefort, au nombre de cinq, font ensemble environ 350 000 kil. par an.

Toutes ces maisons mettent en œuvre un capital considérable : on évalue à 8 000 000 de fr. la valeur des bâtiments et à 1 000 000 celle du matériel. Elles payent, annuellement, pour près d'un million de salaires ou de traitements et affinent en moyenne 7 000 000 de kil. de fromages représentant une valeur de 14 000 000 de francs en chiffres ronds.

CLASSEMENT DES FROMAGES ; EMBALLAGE ; EXPÉDITION. — A Roquefort, les fromages affinés sont classés en plusieurs catégories : *choix* ou *surchoix, 1re qualité, 2e qualité, rebuts.*

La maturité du fromage se reconnaît à des signes spéciaux qu'une grande pratique permet seule d'apprécier. Les fromages bien réussis se recouvrent d'une croûte fine dont la couleur est légèrement orangée, tandis que la pâte, intérieurement, reste blanche et homogène, fine et onctueuse, régulièrement parsemée de taches azurées constituant ce que l'on appelle le *persillé* ; le goût

Table à fromage (Cliché de M. Gaulin).

est agréablement beurré ; la saveur est relevée et douce à la fois, légèrement piquante, sans amertume ; le parfum est agréable. Au toucher, le fromage présente la souplesse d'un pain de beurre. Les fromages manqués, au contraire, sont d'un aspect spongieux.

Les fromages produits au début de la saison, jusqu'à l'arrivée des chaleurs, sont les meilleurs. Dès que le lait est altéré, le fromage n'a plus la même qualité. Du reste le fromage gagne beaucoup à être consommé froid. Lorsqu'on le sert venant

Bascule (Cliché de M. Gaulin).

de la cave à sept ou huit degrés de température, son goût est infiniment supérieur.

Au fur et à mesure des commandes, les pains de fromage sont montés hors des caves par les ascenseurs, aux salles d'expédition ; on procède à leur toilette qui consiste en un dernier *revirage* destiné à enlever toutes les moisissures extérieures. Puis le fromage est mis sur la bascule, car on vend au poids et non à la pièce.

Pliage des fromages.

Les meilleures qualités sont recouvertes d'une *étiquette* ou *estampille* de papier pelure portant la marque de fabrique ; cette estampille est habituellement de couleur noire ou verte pour les *surchoix*, rouge pour les 1res *qualités*. Les fromages destinés à un long voyage sont ensuite pliés dans une feuille de papier d'étain également estampillée et, enfin, dans un papier bulle.

On commençait à expédier autrefois, dès le mois de février, les fromages des premiers mois connus sous le nom de *primeurs* ; on expédie aujourd'hui toute l'année grâce aux réfrigérants. Il y a un ralentissement sensible au moment des fruits (cerises, fraises, etc.) et pendant les grandes chaleurs. Les envois les plus importants se font de septembre en mai ; les fromages livrés à l'arrière-saison étaient autrefois les plus parfaits. Aujourd'hui, la qualité est uniforme toute l'année. Les chaleurs seules, modifiant les produits en cours de route, sont un obstacle à cette uniformité (1).

Les emballages du *roquefort* sont différents suivant la saison et suivant qu'on expédie dans l'intérieur de la France ou à l'étranger.

a) Emballages pour l'intérieur de la France : En hiver, les fromages s'expédient *nus* : 1º En *caisses* de 12 fromages avec deux cloisons médianes à l'intérieur afin que les douze fromages qui sont mis de champ ne pèsent pas les uns sur les autres ; 2º en caisses de 6 fromages appelées *caissons* avec une cloison médiane. Dans les deux cas, les fromages sont séparés par des disques en bois de peuplier très minces (1 mm. d'épaisseur) appelés *planchettes*. Un peu de paille de seigle (*glui*), coupée de longueur convenable remplit à peu près, longitudinalement, les quatre coins de la caisse laissés vides par les fromages. Ces deux modes d'emballage sont employés pour les envois importants.

Lorsqu'il s'agit de colis postaux, on se sert de petites caisses, appelées *caissettes*, pouvant contenir 1, 2 ou 4 fromages *à plat*. Les fromages y sont pliés dans du papier d'étain ou parchemin.

Ces divers emballages sont aussi étanches que possible pour éviter le contact de l'air froid et sec avec les fromages qui se dessécheraient et jauniraient.

En été, au contraire, pour permettre aux émanations de se dégager librement et pour éviter la détérioration du fromage au contact du liquide qu'il laisse exsuder, on emploie, pour les envois importants, des emballages à claire-

(1) En dehors de la diminution de qualité subie pendant l'été, par les fromages en cours de route, sous l'influence des mauvaises fermentations qui se déclarent dans sa masse, un autre accident guette plus particulièrement ce produit à la même saison ; nous voulons parler des *vers sauteurs*, fléau dont on se défend généralement d'autant plus mal qu'on ignore davantage son origine et son développement.

Le *ver sauteur*, d'après M. le Dr E. Louïse (*Vers sauteurs*) est engendré par une mouche noire avec le front et les pattes de couleur fauve. Caractérisée par une grosse tête, des yeux proéminents, des ailes se recouvrant en partie, cette mouche (*Piophila casei*) notablement plus petite que la mouche domestique, apparaît depuis les premiers beaux jours, jusqu'à la fin d'octobre et, guidée par son instinct, se met en quête, immédiatement après la fécondation, de fromages dans les excavations ou sous la croûte desquels elle pond, par petits paquets, une trentaine d'œufs. Des œufs sortent les petites larves qui, après s'être nourries du fromage en y creusant des galeries plus ou moins étendues, vont se transformer en *pupe* dans un coin voisin et donner naissance, dix jours après, à de nouvelles mouches. Il faut de quatre à cinq semaines pour l'accomplissement de ce cycle, de sorte que la mouche du fromage possède cinq à six générations par an et qu'un seul individu peut ainsi arriver à produire jusqu'à *300 000 vers* dans le courant de la saison.

Certains s'accommodent assez philosophiquement de la présence de ces insectes dans le fromage et trouvent même des ressources d'esprit pour les excuser, témoin la phrase suivante due à la plume pittoresque de M. Fulbert Dumonteil (*Les fromages*) : « Ne répudions pas trop les fromages qui marchent. Est-ce, en fin de compte, autre chose qu'un berceau lacté où de petits êtres frétillants et dodus, glissent en se jouant dans la pâte d'or des *marolles* et des *livarots*, ou bien se roulent sur la pelouse verte des *roquefort* ? »

Indiquons, pour la satisfaction des délicats et aussi pour diminuer, dans la mesure du possible, les dégâts causés par le ver sauteur, les mesures préventives prescrites par M. le Dr Louïse pour arrêter l'accroissement de ces parasites Ces mesures sont les suivantes : 1º nettoyer avec soin, plusieurs fois par an et particulièrement avant le mois d'avril, en visant de préférence les coins ayant pu servir de refuge aux *pupes*, tous les locaux des fromageries, badigeonner les murs, laver les boiseries ; 2º maintenir, le plus possible, les locaux et les caves dans l'obscurité, les mouches recherchant de préférence les lieux éclairés ; 3º garnir les fenêtres et soupiraux de toile métallique à mailles très serrées (inférieures au nº 25) pour empêcher l'introduction des mouches dans les locaux ; 4º garnir les portes de toiles.

voie appelés *gagets* dans lesquels on place, 6, 12 ou 16 fromages. Dans ces contenants, les fromages sont placés *de champ*, comme dans les *caisses* et les *caissons*, sur deux rangs ; entre les fromages, on interpose toujours une *planchette* ronde ou octogonale et, entre les deux rangées, on met des planchettes de même largeur, mais plus longues ; on remplit les angles de *glui* ; les *gagets* sont préférés pour les expéditions dans le Midi. .

Pour les colis postaux, on emploie, en été, soit les *caissettes* mentionnées plus

Emballage des fromages en caisses.

haut, soit des *paniers* cylindriques en osier ou en lames de roseaux dans lesquels on enferme 1, 2 ou 4 fromages séparés par des *planchettes*, soit, enfin, pour les emballages de luxe, des *cartons* de petite dimension pouvant contenir un fromage. Les *paniers* et les *cartons* mesurent intérieurement 21 centimètres, ce qui permet d'envelopper les fromages d'une couche de *glui* (paille de seigle ou laine de bois),

En été comme en hiver, pour éviter les inconvénients résultant de la fermentation et de l'exsudation, on préfère généralement ne pas plier le fromage. Cependant, si on craint que, sous l'influence des fortes chaleurs, les pains se désagrègent et tombent en miettes on sacrifie les avantages de la nudité à la solidité et on les plie.

b) EXPORTATION. — Pour les voyages lointains, les fromages sont toujours pliés dans une feuille de papier d'étain, puis dans du papier parchemin, enfin dans du papier bulle. Pour les grandes quantités, on emploie les
caisses de 12 et de 6 fromages dont on remplit soigneusement les vides avec
de la balle de riz ou de la laine de bois. Ces substances ont le grand avantage d'être de bons isolants, de bien consolider les pains et d'absorber le
liquide provenant du coulage du fromage.

Emballage pour l'exportation.

Les caisses de 6 et 12 fromages, solides et parfaitement étanches, sont
groupées par *fardeaux* de 2 ou 4 caisses au moyen de bandages en fer plat.

Pour les colis postaux destinés à l'exportation, on emballe dans les *caissettes*
ou dans des *boîtes de fer blanc soudées et illustrées* ; toutefois on ne se sert
guère de ce mode d'emballage que lorsque les destinataires ou les Compagnies de transport l'exigent, parce que le fromage y coule, y prend mauvais
goût et mauvaise texture.

Tous les emballages de *roquefort*, aussi bien les emballages ordinaires que
les emballages de luxe se distinguent par un aspect propre et bien rangé.

Les *gagets* et les *caisses* de 6 et de 12 fromages pour l'intérieur de la
France sont généralement en bois de hêtre ; ce bois n'a pas d'odeur et, pour

des épaisseurs de planche minimes, retient bien les pointes. Les *caisses pour l'exportation* sont faites en bon bois de pin. Les *caissettes* qui ont besoin de moins de résistance sont en bois mince de pin.

Les *caisses* sont fabriquées à l'usine, soit avec des planches que l'on reçoit sciées de dimension, soit avec des planches que l'on débite sur place. Chez M. Rigal, le problème a été élégamment résolu par des procédés mécaniques : une *scie circulaire* tournant avec une grande vitesse coupe, d'une

Types d'emballages.

seule poussée, des planches de 2 centimètres d'épaisseur et de 20 centimètres de largeur. Une *cloueuse mécanique* à mouvement automatique assemble ensuite, en un clin d'œil, les planches découpées. Deux ouvriers peuvent, avec ces deux outils, construire, dans une seule journée, des quantités d'emballages.

Les gagets sont faits à Saint-Affrique, Fondamente, Nouzet, commune de Saint-Rome-de-Cernon, Brusque.

Quant aux paniers, ils sont fabriqués dans plusieurs villages de la région ; citons parmi eux : Saint-Jean-d'Alcapiès où on en fait, depuis une soixantaine d'années, Saint-Maurice-de-Sorgues, Latour.

Les paniers étaient autrefois tout en osier ; depuis une douzaine d'années, on utilise le roseau que l'on fait venir d'Agde ou d'Elne. Les paniers en roseau sont préférables à ceux en osier parce qu'ils ne se rétrécissent pas en séchant ; de plus, les fournitures étant moins coûteuses et l'exécution plus rapide, le prix de revient a baissé des deux tiers.

Les fabricants de paniers de Saint-Jean-d'Alcapiès ont imaginé des appareils pour peler et fendre les roseaux qui leur économisent beaucoup de temps.

On évalue la production annuelle, pour ce seul village, à environ 30 000 fr.; on fabrique des paniers dans presque toutes les maisons; certaines familles vivent

Chargements de paniers d'emballage.

de cette industrie ; tous leurs membres s'y emploient suivant leurs moyens : les uns préparent les roseaux ou la carcasse des paniers, les autres font les couvercles ou les fonds ou bien établissent les paniers eux-mêmes.

Le prix des emballages est le suivant :

Paniers pour	1 et 2	fromages	2 fr. 50	la douzaine.
id. —	4	—	3 fr. »»	—
Caissettes -	1	—	0 fr. 15	la pièce.
id. —	2	—	0 fr. 20	
id. —	4	—	0 fr. 25	—
Caissons —	6	—	0 fr. 40	—
Caisses --	12	—	0 fr. 80	—
id. (Aportatio)	12	—	2 fr. »»	—

Les expéditions de *roquefort* sont faites par la gare de Tournemire. Par une décision du 14 novembre 1904, M. Maruéjouls, ministre des Travaux publics, a décrété, sur une pétition des habitants de la commune de Roquefort, appuyée par un vœu du Conseil général de l'Aveyron, que cette gare prendrait à l'avenir le nom de *Tournemire-Roquefort*.

Entre Tournemire et Roquefort, un service de charrettes est organisé e donne lieu à un mouvement très actif.

Transport de fromages.

MODE DE VENTE ; DÉBOUCHÉS. — Les ventes se traitent généralement par l'intermédiaire de représentants sur place. Les principaux centres de consommation sont, pour la France : Paris, Marseille, Toulouse, Bordeaux qui reçoivent les bonnes qualités. Les pays de vignobles du Midi de la France (Hérault, Gard, Aude, Tarn, Lot), l'Aveyron et la Lozère consomment une grande partie des qualités secondaires. On ne livre à l'exportation, qui absorbe 15 % de la production, que des *surchoix* ou des *premières qualités*.

Les courants commerciaux les mieux établis existent, pour l'étranger, avec les Etats-Unis d'Amérique, l'Amérique du Sud, l'Angleterre, le Danemark, l'Allemagne, l'Autriche, la Suède, la Norwège, la Belgique, la Russie, l'Espagne les Colonies françaises et l'Extrême-Orient. Les autres nations en consomment peu, mais toutes en prennent, même la Chine et le Japon.

C'est la vente à l'étranger qui est la plus rémunératrice ; elle n'avait, avant 1877, qu'une importance limitée ; elle se développe, actuellement, d'année en année.

Le commerce déjà prospère avec l'étranger serait susceptible de prendre un développement beaucoup plus grand, si les transports par wagons et par bateaux *réfrigérés* pouvaient être organisés. Les négociants de Roquefort sont réduits à ne vendre en Amérique et dans les autres pays lointains que de septembre (lorsqu'il ne fait pas trop chaud) à avril. On consommerait, dans tous ces pays, beaucoup plus de fromage si l'on pouvait y expédier toute l'année.

La vente en France elle-même gagnerait à l'organisation des transports par wagons réfrigérés. Il serait à souhaiter que les interessés s'entendissent pour organiser ce mode de transports, comme l'ont fait les Charentes et le Poitou pour le beurre. Nous donnons quelques précisions à ce sujet dans le chapitre XI (*Améliorations à réaliser.*)

Les consommateurs, surtout ceux de la région du Nord, aiment généralement mieux les fromages doux que les fromages trop fermentés. Les méridionaux, au contraire, s'accommodent, en général, des fromages forts et les apprécient.

PRIX DE REVIENT ET PRIX DE VENTE. — Nous avons vu (chap. V), que le lait de brebis valait de 25 à 30 fr. l'hectolitre. Ce prix a subi et subit encore de nombreuses fluctuations. On l'a vu descendre certaines années, dans certains pays, à 20 et même 18 fr., et s'élever, par contre, exceptionnellement à 32 et 34 fr. Le prix du lait de vache est presque toujours établi d'après celui du lait de brebis ; il vaut à peine moitié moins environ.

Les fromages sont produits par les laiteries des maisons de Roquefort ou achetés par elles dans les cas, de plus en plus rares aujourd'hui, où l'on fabrique encore à la ferme.

Les achats de lait ou de fromage donnent le plus souvent lieu à des traités d'une certaine durée qui assurent aux négociants et aux propriétaires plus de sécurité qu'une vente annuelle. Il est convenu, dans ces traités, que, pendant une série d'années, les producteurs apporteront tout leur fromage ou tout leur lait aux négociants et que ceux-ci en donneront un prix déterminé.

Ces marchés se traitent au domicile des producteurs ou encore dans les principales foires de la région, depuis le mois de décembre jusqu'au mois de mars (1).

---

(1) Citons, parmi les principales foires où se traitent des achats de fromage, les suivantes :
Belmont (A), 13 janvier, 13 février ; Brasc (A), 20 décembre, 20 février ; Broquiès (A), 13 décembre ; Brousse (A), 13 janvier, 23 novembre ; Brusque (A). 12 janvier ; Camarès (A), 18 décembre, 18 janvier, 18 février ; Com-

L'usage de faire des avances aux agriculteurs, sur la livraison présumée de leur marchandise (fromage ou lait) est relativement ancien, puisqu'il est signalé par divers auteurs qui ont écrit sur Roquefort, il y a 50 ou 60 ans. C'est une forme de crédit agricole très appréciée.

Les frais de fabrication dans les laiteries, amortissement du capital compris, varient, suivant le cas, entre 6 et 10 fr. par 100 kil. de fromage frais. On compte, d'autre part, 2 à 6 fr. par 100 kil. pour le transport des fromages de la laiterie ou de la ferme aux caves de Roquefort.

Le fromage frais non affiné est payé par les industriels au prix variable de 100 à 140 fr. les 100 kil. L'affinage coûte environ 45 fr. par 100 kil. tout compris (frais généraux, affinage proprement dit, déchet).

Le fromage, pendant son séjour aux caves, subit un déchet de 16 à 22 % chez les négociants qui n'ont pas de réfrigérants. Pendant les années de mévente comme 1896, on a vu ce déchet s'élever jusqu'à 40 %. Chez les négociants qui mettent à profit la réfrigération, le déchet varie entre 8 et 15 %.

Une fois affiné, le *roquefort* se vend, en gros, aux prix suivants :

Surchoix	180 à 250 fr.	les 100 kil.
1re qualité	160 à 180 fr.	—
2e qualité	125 à 160 fr.	—
Rebuts	100 à 120 fr.	— (1)

Les prix extrêmes, au détail, varient entre 2 et 4 fr. le kilo pour les bonnes qualités ; ils sont de 1 fr. 50 environ le kil. pour les *rebuts*.

Ces prix sont de beaucoup supérieurs à ceux des autres fromages se vendant au poids comme le *roquefort*. Il n'y a, pour s'en convaincre, qu'à con-

bret (A), 28 décembre ; Coupiac (A), 6 décembre ; Durenque (A), 3 février ; Flavin (A), 27 janvier ; Laissac (A), 8 janvier, 15 janvier ; Lapanouse-de-Sévérac (A), 3 février ; Le Caylar (H), 12 novembre ; Lodève (H), lundi de la 3e semaine de novembre ; Millau (A), mercredi des Cendres et tous les jours de marché, depuis le mois de février jusqu'au 15 mars ; Montclar (A), 15 janvier, 25 novembre ; Naut (A), lundi des Rameaux ; Plaisance (A), 25 janvier, 26 décembre ; Pont-de-Salars (A), 15 décembre et 1er février ; Réquista (A), 8 décembre, 8 janvier ; Rodez (A), 1er décembre et samedis d'hiver ; Saint-Affrique (A), marché du 24 décembre, 6 février, 24 mars et tous les samedis du 15 décembre au 15 mars ; Saint-Izaire (A), 22 février ; Saint-Rome-de-Tarn (A), 17 janvier ; Saint-Saturnin (A), 21 mars ; Saint-Sernin (A), 11 janvier, 11 février, 11 décembre ; Saint-Sever (A), 16 janvier ; Salles-Curan (A), 13 janvier ; Sévérac (A), 15 janvier, 6 mars, 25 avril ; Villefranche-de-Panat (A), 22 décembre, 20 janvier, 16 février.

(1) Des documents recueillis par M. H. Affre (*Dict. des inst., mœurs et coutumes du Rouergue*) nous indiquent que le fromage affiné valait 28 livres le quintal en 1683 et 36 livres le quintal en 1701. Il y a cent ans, d'après Monteil (*Description du département de l'Aveiron*), le fromage frais valait 6 ou 7 sous la livre et se vendait, à la sortie des caves, 50 fr. le quintal, soit 100 fr. les 100 kil. Vers 1830, d'après Girou de Buzareingues (*Mémoire sur Roquefort, ses caves, ses fromages*), ce prix était de 80 à 84 fr. pour le fromage frais, 20 à 140 fr. pour le fromage affiné ; il était, en 1841, d'après Limousin-Lamothe, de 180 fr. pour le fromage affiné, de 100 fr., d'après Roche-Lubin (*Guide du Cultivateur aveyronnais*), en 1850, pour le fromage frais et de 120 fr. d'après Turgan (*Les grandes usines. Caves de Roquefort*), en 1867, pour le fromage affiné.

A l'époque actuelle, le prix soit du fromage frais, soit du fromage affiné n'atteint pas toujours les chiffres que nous avons indiqués. Ainsi, en 1897, année de crise, le prix du fromage frais a varié de 75 à 100 fr. pour les fromages frais, et s'est abaissé, pour les fromages affinés, à 150 fr. pour les surchoix, 120 fr. pour la *1re qualité* et 80 fr. pour la *2e qualité*.

sulter les cours officiels des *Halles centrales* de Paris. Nous relevons, à titre d'exemple, ceux du 1er décembre 1904 :

Roquefort........................	200 à 220 fr. les 100 kil.	
Gruyère : *Emmenthal*, 1er choix....	180 à 200 fr.	—
— *Suisse*..........id.......	170 à 185 fr.	—
— *Comté* ....id.......	150 à 170 fr.	—
Port Salut...............id.......	170 à 190 fr.	—
Munster...................id..... .	140 à 150 fr.	—
Cantal................ .id.......	135 à 150 fr.	—
Géromé................id.......	100 à 120 fr.	—

Pour les fromages vendus à la pièce et non au poids, les prix sont aussi presque toujours notablement inférieurs à ceux du *roquefort*. Voici les cours officiels du 1er décembre 1904 aux *Halles centrales :*

Brie, laitiers....................	12 à 28 fr. la dizaine. Poids moy. : 2 k. 000		
Coulommiers double crème.........	60 à 80 fr. le cent.	id.	0 k. 600
— *1er choix*...........	40 à 52 fr. id.	id.	0 k. 400
Camembert en boîte, haute marque..	50 à 72 fr. id.	id.	0 k. 300
— — *1er choix*......	40 à 48 fr. id.	id.	0 k. 300
Mont d'or, *1er choix*...............	20 à 23 fr. id.	id.	0 k. 200
Gournay, 1er choix................	15 à 21 fr. id.	id.	0 k. 100
Pont-l'Evêque, 1er choix...........	40 à 55 fr. id.	id.	0 k. 350
Chèvre, 1er choix.................	25 à 38 fr. id.	id.	0 k. 150

Les fromages ont à subir, dans les villes, des droits d'octroi qui ne présentent aucune uniformité ; ces droits varient, pour les 86 chefs-lieux de département, entre 5 et 11 fr. 40 les 100 kil. A Paris, ce droit est, pour les fromages secs, de 9 fr. 50 par 100 kil., plus 1 fr. 90 pour le double décime, ce qui fait, au total, 11 fr. 40 (1). Les fromages subissent en outre, s'ils sont vendus aux Halles, un droit de marché et de factorat de 2 fr. par 100 kil.

PLACE DU ROQUEFORT DANS LES CLASSIFICATIONS ; QUALITÉS. — Le programme des *concours généraux agricoles* classe le *roquefort* de la manière suivante :

2m² DIVISION. — *Fromages à pâte ferme.*

1re CLASSE. — *Fromages pressés.*

1re CATÉGORIE. — *Roquefort, Septmoncel, Gex, Sassenage, Mont-Cenis*, etc.

(1) En 1888, la Commission du budget du Conseil municipal de Paris, pour satisfaire aux réclamations des producteurs de fromage de la Franche-Comté dont M. Viette s'était fait l'organe, avait abaissé ce droit à 6 fr., décimes compris, à la condition d'imposer au même taux tous les *fromages frais*, soumis jusque-là à un droit d'abri de 1 fr. seulement.

Mais, à la suite des protestations des sociétés d'Agriculture de Seine-et-Marne et du Calvados, cet abaissement de droits d'octroi dont le *roquefort* aurait bénéficié ne fut pas voté

Cette dénomination de *fromage pressé*, qui a été donnée au *roquefort* par divers auteurs, par Pouriau (1) en particulier, et par tous ceux qui l'ont copié est absolument inexacte ; en effet, si l'on pressait le *roquefort*, il y a 100 ou 150 ans, il y a longtemps qu'on ne le presse plus.

Pour Fleischmann (2), le *roquefort* est également un fromage *pressé, doux* et *dur*, tandis que, pour Martiny (3), c'est un fromage *mou*.

M. Martin (4) donne à notre produit les appellations de : *Fromage obtenu par la présure, à pâte ferme, avec moisissure à l'intérieur.*

Donnons maintenant quelques appréciations d'auteurs ou d'écrivains en renom sur les qualités et les propriétés du *roquefort* :

Un grand nombre le qualifient de *roi des fromages* ; mais il ne nous a pas été possible de savoir quel est le premier qui lui a conféré cette *royauté* ; retenons seulement qu'on ne la lui conteste pas.

« C'est le *premier fromage de l'Europe.* » (Diderot et d'Alembert (5) et Bosc) (6).

« Le *fromage de Roquefort* est, de tous ceux qui se font en France, celui qui a le plus de réputation, par la délicatesse de son goût, la fermeté de sa pâte et le persillage qui se forme dans certaines partie de sa masse » (Desmarest) (7).

« C'est le *meilleur* qu'on connaisse en Europe : pris modérément, il facilite la digestion et excite l'appétit. Il est du petit nombre de mets dont on mange avec plaisir dans toutes les saisons de l'année. » (Monteil) (8).

« Les meilleurs fromages sont ceux de France et les meilleurs fromages de France sont ceux, non de Brie comme le veut le proverbe, mais *ceux de Roquefort* comme le veut la vérité. Ce fromage délicat, fin, crémeux, marbré, piquant, vous tient toujours sur l'appétit, vous le donne ou vous le rend. » (Monteil) (9).

Fleischmann, un des auteurs allemands les plus érudits et les plus complets qui aient traité de l'industrie laitière, tient le *roquefort* pour « *un fromage de luxe* connu dans le monde entier (9) ».

« Le *roquefort*, cette gloire impérissable de l'Aveyron, est partisan des vins du Rhin. » (Fulbert-Dumonteil) (10).

D'après M. Bouffard, deux produits ont fait la réputation de la France à l'étranger, le *champagne* et le *roquefort* ; nous avons retrouvé cette manière de voir dans diverses relations de nos consuls.

(1) A. F. Pouriau. *La laiterie.*
(2) W. Fleischmann. *L'Industrie laitière.*
(3) Martiny. *Die Milch*, etc., Dantzig, 1871.
(4) Ch. Martin. *Laiterie.*
(5) Diderot et d'Alembert. *Encyclopédie des sciences, des arts et des métiers.*
(6) L'abbé Bosc. *Mémoires pour servir à l'Histoire du Rouergue.*
(7) Desmarest. *Fromages de Roquefort.*
(8) Amans-Alexis Monteil. *Description du département de l'Aveiron.*
(9) Amans-Alexis Monteil. *Histoire des Français des divers états.*
(10) Fulbert-Dumonteil. *Les fromages.*

Pour la classe aisée, le *roquefort* est un mets de luxe et l'ornement de son dessert. Mais, malgré son prix relativement élevé, l'ouvrier le choisit souvent aussi, par esprit d'économie, surtout lorsqu'il est vieux, à cause de sa haute saveur ; il ne lui en faut qu'une faible quantité pour lui faire manger son pain avec tout autant de plaisir que s'il était accompagné d'une plus copieuse pitance.

Un dernier mot au sujet de la qualité.

Certains esprits chagrins se plaisent à répéter que le *roquefort* n'a plus les qualités qu'il possédait au temps de leur jeunesse.

Nous croyons sincèrement que cette appréciation est exagérée; elle ne date d'ailleurs pas d'aujourd'hui et on se la transmet de génération en génération, s'il faut en croire les deux citations suivantes : « La nature a fait pour Roquefort les pâtures qui l'environnent, écrivait Limousin-Lamothe (1), en 1841, et tout ce que l'art y a ajouté n'a fait que déprécier son premier ouvrage. Les prairies artificielles répondent bien aux spéculations des propriétaires ; mais ce bénéfice dans la quantité n'est produit qu'aux dépens de la qualité et les gourmets d'un certain âge se sont bien aperçus que le *roquefort* d'aujourd'hui ne vaut pas celui d'autrefois ; alors la sonde était inutile, le choix presque impossible, parce que les qualités étaient à peu près les mêmes ».

« Malgré la bonté de ce fromage, ajoutait Jules Bonhomme (2), en 1861, les connaisseurs assurent que sa qualité n'est plus aussi bonne qu'autrefois, à cause que les brebis, nourries sur des prairies artificielles, n'ont plus un lait parfumé comme au temps où elles vivaient sur des pâtures naturelles dont l'herbe est plus aromatique et plus nourrissante. Ne serait-il pas possible d'améliorer la qualité du lait en faisant entrer dans la composition des prairies artificielles des plantes d'odeur balsamique ? C'est une question à étudier ? »

A notre avis, les fromages de choix sont toujours dignes de leur bonne réputation ; la meilleure preuve est qu'ils se vendent plus cher que les autres sortes de fromage ainsi que nous l'avons indiqué plus haut. Seules les qualités inférieures sont susceptibles d'entacher cette réputation. Mais des mauvais fromages il a dû toujours y en avoir plus ou moins au milieu des bons et il est du devoir de ceux qui s'intéressent à la prospérité du *roquefort*, de faire tous leurs efforts pour en diminuer d'une manière constante la proportion.

Une appréciation de Rodat publiée en 1835 dans le *Journal de l'Aveyron* (3) nous affermit dans notre conviction : « On assure, disait-il, que les prairies artificielles, en augmentant la quantité du fromage, en ont altéré la qualité. Les gens qui tiennent pour le passé disent que les brebis, autrefois, broutaient le serpolet, la marjolaine et le thym que la nature faisait croître sur les pâtu-

(1) Limousin-Lamothe. *Mémoire sur Roquefort.*
(2) Jules Bonhomme. *Nouveau Guide des Comices agricoles.*
(3) A. Rodat. *Observations sur la culture du Larzac et des vallées qui l'environnent.*

rages du Larzac et que le fromage exhalait le parfum de ces plantes aromatiques. Pour moi qui ne suis ni pour le passé, ni pour le présent, ni pour le futur, abstraction faite des temps, j'observerai : 1° que les brebis ne mangent guère le serpolet que lorsqu'elles y sont forcées par les extrémités de la faim (1) ; 2° qu'il est prouvé que l'arome des plantes de la famille des labiées ne se communique pas au lait. Le lait d'ailleurs qui sentirait le serpolet, le thym, la sauge ou la lavande serait détestable... Ce n'est point de l'espèce des plantes, mais de la nature du terrain qui les nourrit que dépend la bonté des laitages. Les mêmes graminées, les mêmes légumineuses produisent des effets différents sur le tempéramment des animaux qui les broutent suivant qu'elles croissent dans le *Causse*, dans le *Ségala* ou sur les *Montagnes d'Aubrac*... Si la qualité des fromages de Roquefort a subi une légère altération, il faut l'attribuer à une autre cause. Cette cause n'est pas difficile à découvrir : lorsque l'approvisionnement des caves se faisait à dos de mulet ou même à dos d'homme, le Larzac et les pays circonvoisins pouvaient seuls y contribuer. L'ouverture des routes a tout changé ; elles sont cause qu'il arrive à Roquefort des fromages originaires de la Lozère et de quelques autres pays dont les laitages n'ont pas la vertu propre au Larzac. »

IMPORTANCE DE L'INDUSTRIE DU ROQUEFORT. — Grâce à des conditions de milieu uniques et à l'impulsion donnée par les grandes Sociétés au point de vue commercial, l'industrie du *roquefort* a pris un développement considérable et n'a cessé de prospérer depuis le commencement de ce siècle, ainsi que le prouvent les chiffres de production ci-après. On a affiné à Roquefort, d'après divers auteurs (2) :

De 1670 à 1789	100.000 kil. de fromage.
En 1800	250.000	—
— 1820	300.000	—
— 1830	800.000	—
— 1840	750.000	—
— 1850	1.400.000	—
— 1860	2.700.000	—
— 1867	3.250.000	—
— 1877	4.000.000	—
— 1888	5.000.000	—
— 1890	5.200.000	—
— 1891	5.500.000	—
— 1892	6.000.000	—
— 1900	6.500.000	—

(1) Le serpolet passe pour diminuer sensiblement la production laitière. Les bergers évitent soigneusement de mener leurs brebis dans les parages où il se développe exclusivement (*Note de l'auteur*).

(2) A. Roques et J. Charton. *Roquefort et ses environs*. — Turgan. *Les grandes usines : Caves de Roquefort (Aveyron)*. — Girou de Buzareingues. *Mémoire sur Roquefort, ses caves, ses fromages*.

Actuellement, la production annuelle est de 7.000.000 kil. environ. Cela représente, à un prix moyen de 200 fr. les 100 kil., un chiffre d'affaires d'environ 14.000.000 de francs.

Mais le mouvement de fonds auquel donne lieu l'industrie fromagère de Roquefort est bien plus important encore. Il atteignait, d'après une notice sur la *Société des Caves et des producteurs réunis* :

    En 1867.................... 15 000 000 de francs.
    — 1873.................... 20 000 000   —
    — 1893.................... 22 000 000   —

Construction d'une cave.

Il profite, non seulement aux 2 000 ou 2 500 personnes appointées par les usiniers de Roquefort (laitiers, contrôleurs, transporteurs, cabanières, employés de cave et de bureau, etc.), mais encore à plus de 70 000 personnes, propriétaires, fermiers, valets de ferme, fabricants de paniers, de gagets et d'emballages de toute sorte, dont l'activité, dans un rayon de 120 kilomètres autour de Roquefort, est subordonnée à cette production. « Nombreux sont les paysans qui élèvent leurs bêtes en vue de la production laitière, considérables les sommes touchées par les éleveurs, considérables les traités passés par eux avec les usiniers. Ils sont unanimes à déclarer que si, pour une cause ou pour une autre, l'industrie roquefortaise périclitait, le désastre serait immense et le pays quasi-ruiné (1). »

Partout où la fabrication du *fromage de Roquefort* se propage, à mesure que les bénéfices qu'elle procure à l'agriculture se réalisent, les fermages augmentent et la valeur vénale du sol suit la même progression. Des pays pauvres, comme le *Camarès*, sont devenus riches grâce au *roquefort*.

On s'explique facilement le mécanisme de ces améliorations Le désir d'augmenter la production du lait ou du fromage pousse les agriculteurs à accorder plus d'importance à l'hygiène et aux soins de propreté, à mieux choisir les bonnes laitières, à nourrir plus abondamment et à mieux composer les rations, à produire plus de fourrages et à donner, par suite, une place de plus en plus importante aux prairies artificielles. La superficie réservée aux autres cultures est ainsi diminuée ; mais, comme on dispose d'une plus grande quantité de meilleur fumier, on récolte, en fin de compte, autant sinon plus que par le passé, avec moins de surface, moins de semences et moins de travail. Le cultivateur faisant plus d'argent devient moins rebelle à l'essai d'un engrais qui transformera sa terre, d'un instrument qui économisera sa force et exécutera un travail plus parfait ; le progrès pénètre ainsi graduellement dans le pays.

« Les producteurs de fromage sont toujours à l'affût des nouvelles méthodes, à l'affût des nouveaux procédés mécaniques. Récemment ils ont construit des réfrigérants, des glacières ; ils ont installé des machines électriques compliquées mais précises. Incessamment sont fouillées de nouvelles galeries, des caves aménagées, des usines bâties, et tous ces efforts vers de nouveaux progrès nécessitent un mouvement d'argent considérable dont les ingénieurs, les constructeurs, les ouvriers de ces pays profitent largement.

» L'importance de l'industrie du *roquefort* est donc incontestable et elle fait honneur à cette région. Ses produits sont appréciés du monde entier. Aux Expositions universelles de 1889 et de 1900, à Paris, aux Expositions tenues dans les grandes villes européennes et américaines, les industriels de Roquefort ont toujours remporté les plus hautes récompenses, hommage rendu à l'excellence de leurs produits par un jury d'élite. Actuellement, pour répandre leur renommée outre-mer, ils ont accompli de gros sacrifices pour exposer à Saint-Louis en Amérique. Il ne faut pas être prophète pour leur prédire un très gros succès dont la gloire rejaillira sur cette petite cité, si laborieuse et si prospère (1). »

(1) H. VIALETTES. *De l'industrie fromagère de Roquefort.*

Roquefort : Groupe de cabanières.

XI

AMÉLIORATIONS A RÉALISER

I on considère l'importance des chiffres, cités plus haut, on voit que la fabrication du *roquefort* est, pour le pays, une précieuse source de revenus, et l'on pourrait être porté à croire qu'il n'y a aucun progrès à réaliser dans une pareille industrie. Il y a cependant encore beaucoup à faire.

Si l'on fabrique, en effet, aujourd'hui comme autrefois, des fromages irréprochables, qui trouvent sur le marché étranger ou dans les villes riches un débouché facile et qui peuvent porter sans conteste, le surnom de *roi des fromages*, on produit aussi, en même temps, il faut bien le dire, une certaine proportion de produits inférieurs : la qualité du *roquefort*, en un mot, manque d'homogénéité.

Diminuer jusqu'à extinction la proportion des mauvais fromages, augmenter

22

sans cesse celle des bons, tel est le but que doivent se proposer les producteurs et les industriels, s'ils veulent conserver, augmenter même la vieille réputation du *roquefort* et ne pas être troublés par les inquiétudes de la mévente.

Si l'industrie du *roquefort* est, en effet, actuellement des plus prospères, il ne faut pas oublier qu'elle a subi en 1867, en 1870, en 1881, en 1889, en 1896 et 1897 des crises dues principalement à la *diminution de la qualité*, à la *surproduction* et à la *concurrence étrangère* (1). Nous avons préconisé, lors de la dernière crise (2), comme seul remède à cette situation, le *relèvement de la qualité par tous les moyens*, afin de refaire au *roquefort* sa bonne réputation d'autrefois un moment compromise et de ramener la faveur des consommateurs.

Nos conseils ont été en partie entendus et une amélioration sensible a été réalisée. Néanmoins, l'industrie roquefortaise reste perfectible et il est possible, à notre avis, de diminuer encore fortement la proportion des mauvais fromages qui ont l'inconvénient de peser sur le marché et de faire déprécier l'ensemble du produit.

Quelques-uns des conseils que nous donnions en 1897, sont encore d'actualité et nous n'hésitons pas à les reproduire presque textuellement. Les causes auxquelles on peut attribuer l'infériorité de certains produits sont nombreuses : il est utile, pour les bien connaître, d'envisager successivement les divers facteurs de la production et de passer en revue les phases de la fabrication.

a) PRODUCTION DU LAIT. — Si nous étudions, pour commencer, la matière première, le lait, nous constatons qu'il laisse à désirer, dans beaucoup de cas, à plusieurs points de vue : d'abord par sa nature.

On emploie aujourd'hui encore, dans certaines régions, quoiqu'on ait une tendance de plus en plus prononcée à le proscrire, une certaine quantité de lait de vache. Il est cependant reconnu que ce lait donne des produits très différents du vrai *roquefort*, qui doit être fait avec du lait de brebis. Tandis qu'on obtient avec ce dernier, lorsque la préparation ne laisse rien à désirer, des fromages gras, onctueux et savoureux, on n'arrive à produire avec le lait de vache que des qualités inférieures manquant de liant et de consistance prenant parfois une couleur noirâtre et un goût amer très défavorables à la réputation du *roquefort*.

On a beau prétexter que le lait de vache, mélangé dans une certaine proportion au lait de brebis, remplit un rôle utile comme diurétique, c'est-à-dire en facilitant l'écoulement du petit-lait, cette raison perd de sa valeur si l'on veut bien se rendre compte qu'avec du lait de brebis pur on fabrique des produits supérieurs. Il faudrait donc, pour ne pas nuire à la qualité et, par suite, à la

---

(1) A ces causes générales de mévente on peut ajouter des causes particulières importantes telles que l'abondance exceptionnelle des fruits et notamment des fruits rouges (cerises, fraises) qui fait qu'on mange moins de fromage, l'influence des grèves dans les régions de consommation, etc.

(2) E. MARRE. *La crise de Roquefort.*

réputation du *roquefort*, proscrire ou tout au moins réduire fortement l'usage du lait de vache et ne pas l'admettre en mélange au delà de la proportion que nous avons indiqué.

Même en admettant qu'on soit plus ou moins revenu aujourd'hui au lait de brebis pur, on ne peut pas prétendre employer une matière première aussi bonne qu'autrefois. Les pâturages du *Ségala*, où l'on s'est mis à fabriquer du fromage, les fourrages artificiels plus ou moins aqueux et les breuvages chauds que l'on donne en hiver ou au printemps dans tous les pays de production, s'ils poussent au rendement, ne peuvent pas, quoi que l'on dise, donner un lait aussi riche que les fourrages secs et substantiels des *causses*, que l'on utilisait seuls autrefois.

Il ne suffit pas d'avoir du lait pur de brebis pour fabriquer de bons produits, il faut encore que ce lait réponde à certaines conditions de conservation, qui sont loin, dans la pratique, d'être toujours exactement remplies ; il est indispensable qu'il soit de première qualité.

Qu'il soit, en effet, traité à la ferme ou dans les laiteries, une trop forte proportion du lait employé a subi, avant sa transformation, des altérations qui lui font perdre de ses qualités. On ne peut obtenir, dès lors, que de mauvais fromages.

Les fermentations, par exemple, qui se produisent, principalement pendant l'été, entre le moment de la traite et celui de l'emprésurage, sous l'action des microbes dont nous avons précédemment parlé (voir chap. V.), outre qu'elles diminuent le rendement, en soustrayant à l'action de la présure une partie de la caséine, provoquent presque toujours, malgré les soins les plus assidus et la préparation la plus soignée, le *gonflement des pains*. Ce gonflement, produit par le dégagement de l'*acide carbonique* et de l'*hydrogène*, donne un fromage mou, spongieux, criblé de trous, mauvais comme goût et ne pouvant être classé que dans les qualités inférieures.

Cet accident, que l'on constate parfois dans le *roquefort*, élève dans une certaine mesure, la proportion du mauvais fromage et jette forcément le discrédit sur l'ensemble du produit. On pourrait l'éviter à peu près sûrement en laissant le moins longtemps possible le lait exposé aux influences extérieures (chaleurs, vent du midi, suint, etc.), c'est-à-dire en le préparant immédiatement après chaque traite. On aurait aussi intérêt à avancer la période de gestation des brebis, de façon à commencer la traite le plus tôt possible en hiver et à la terminer dès qu'arrivent les grandes chaleurs.

Mais, si la deuxième de ces modifications a quelque chance d'être acceptée par les praticiens, au moins dans certaines régions, telles que les régions précoces qui commencent à entrer dans cette voie, il ne faut pas espérer voir accueillir aussi favorablement par les agriculteurs ou les fromagers, à cause du supplément de main-d'œuvre qu'il exigerait, le principe de la préparation du fromage après chaque traite.

Si l'on estime que cette réforme est trop difficile à réaliser, on obtiendrait déjà une amélioration considérable, au point de vue de la bonne conservation du lait, en prescrivant, là ou la chose serait possible, la réception du lait par les laiteries après chaque traite. Cet usage existe dans les fruitières de l'Est de la France et de la Suisse où il nous a été donné d'en apprécier les avantages au cours d'une mission spéciale (1). Dans ces pays, le lait de la traite du soir passe la nuit à la fruitière, dans des récipients spéciaux appelés *rondes* disposés dans un local aussi frais que possible appelé *laitier* : ce liquide s'altère ainsi beaucoup moins que s'il restait à la ferme où les conditions favorables à une bonne conservation (fraicheur, propreté, etc.) sont parfois plus difficiles à réaliser Si l'on admettait, comme chez nous, l'usage d'une seule réception (traites du soir et du matin réunies), la fabrication du *gruyère*, par suite de l'altération du lait, serait parait-il, impossible.

Si l'on se rend compte que le lait de brebis est plus riche et plus salé (à cause du suint) que celui de vache, qu'il est, par suite, plus altérable et plus difficile à conserver, si l'on admet, d'autre part, que les fermentations produites entre la traite et l'emprésurage sont, pour une bonne part, responsables des malfaçons, on voit quel intérêt il y aurait à adopter le système de réception du lait après chaque traite.

Sans doute, il serait difficile de généraliser à cause du rayon d'approvisionnement encore trop grand de la plupart de nos laiteries ; mais on pourrait cependant, lorsqu'un de ces établissements se trouve dans un village, encourager, en leur donnant au besoin une prime, les producteurs de ce village à livrer le soir le lait de la traite du soir ; ce serait toujours une fraction importante de la matière première traitée dans cette laiterie que l'on soustrairait aux altérations et parfois aux tentatives de fraude.

Si l'on ne veut pas en venir là — ce serait cependant très utile, — on devra au moins éviter tout ce qui est susceptible de provoquer la fermentation du lait et, pour cela, prendre, en les exagérant, tous les soins de propreté conseillés en pareille matière : veiller à la tenue parfaite des bergeries et des brebis, en donnant une litière abondante et non altérée par les moisissures et en la renouvelant souvent ; suspendre les distributions de fourrages secs pendant la traite ; assurer une ventilation convenable des bergeries ; tondre les animaux le plus tôt possible ou tout au moins les *soulser* (tondre la queue, les abords de la queue et du pis) ; nettoyer complètement, avant chaque traite, avec un linge propre et sec le pis et les parties avoisinantes ; n'employer, pour la traite, le transport et le traitement du lait, que des récipients en fer-blanc ou en tôle étamée ; proscrire le cuivre et le zinc ; entretenir ces récipients rigoureusement propres en les lavant à la vapeur ou à l'eau chaude alcalinisée, pour les débarrasser du suint qui les tapisse ; rejeter en dehors de

<hr>

(1) E. Marre. *Mission d'études au pays des fruitières.*

la *seille* les trois ou quatre premiers jets de lait sortis de chaque trayon ; exiger aussi la propreté des ouvriers chargés de pratiquer la traite et, en particulier, de leurs mains et de leurs vêtements ; tamiser le lait le plus tôt possible après sa production, pour le débarrasser des débris de laine, des débris

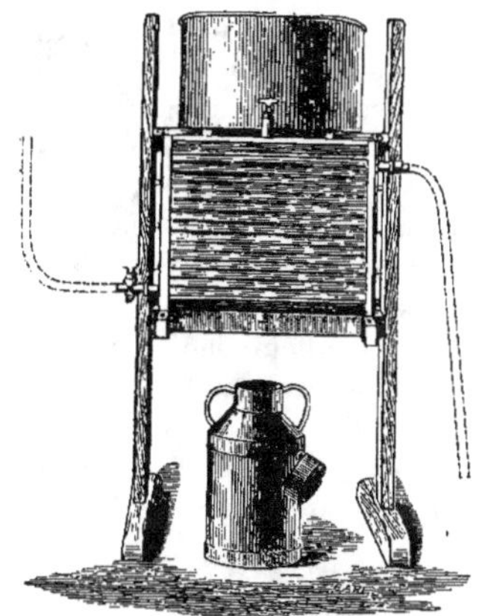

Réfrigérants helicoïdal et vertical pour le lait (Clichés de M. Pilter).

de fourrage, des matières excrémentielles, des poussières, des mouches qui ont pu le souiller ; proscrire le chauffage ; aérer ou refroidir (1) le produit de la

(1) MM. Nicolle et Duclaux (*Recherches expérimentales sur la conservation du lait*) ont trouvé que 10 litres de lait de vache ayant, au moment de la traite, une température de 38°, placés dans une chambre à une température de + 15° avaient encore, demi-heure après, 36°, au bout d'une heure, 29° 5, au bout de trois heures, 25°, au bout de six heures, 21°, au bout de dix heures, 18°, au bout de vingt-quatre heures, 17°. La température du lait se met donc très lentement en équilibre avec la température extérieure. Il est, par suite, très utile de refroidir brusquement le lait après la traite, surtout si la température ambiante est elle-même très élevée ; faute de cette précaution on voit la teneur en germes atteindre en quelques heures des proportions incroyables et on observe parallèlement l'altération du produit.

Les mêmes auteurs ont observé que le nombre de microbes contenus dans un centimètre cube du lait ci-dessus, était de 24 700 après une heure, 45 100 après trois heures, 428 000 après six heures, 719 000 après dix heures, 5 820 000 après vingt-quatre heures. Un autre lait maintenu dans une chambre-étuve à 22° contenait, après 24 heures, 11 250 000 microbes. Un troisième, place dans une glacière à + 5° n'en contenait, après 24 heures, que 10 800, toujours dans un centimètre cube.

« Knopf, d'après Pouriau, (*Les microbes du lait*) a étudié la vitesse de multiplication des bactéries dans un même lait conservé à deux températures différentes et a trouvé un accroissement de :

$$7 \ 1/2 \text{ fois, à } 34° \text{ ; nul à } 12°5 \text{ au bout d'une heure.}$$
$$215 \quad — \quad — \quad 8 \text{ fois } — \text{ au bout de 4 heures.}$$
$$3 \ 800 \quad — \quad — \quad 435 — \quad — \text{ au bout de 6 heures.}$$

» La température la plus favorable à cette prodigieuse multiplication des microbes paraît être comprise entre 30 et 40°. »

De ce qui précède il résulte qu'il y a grand intérêt, au moins en été, à refroidir aussi rapidement que possible le lait de la traite du soir. Un moyen simple à la portée de tous ceux qui n'ont pas de réfrigérant consiste à placer le vase qui renferme ce lait dans une eau bien fraîche deux ou trois fois renouvelée, à défaut d'eau courante qui ne se trouve pas partout. En tout cas le refroidissement avec ou sans réfrigérant est préférable, pour la conservation du lait, au chauffage, parce qu'il ne modifie en rien le goût du lait.

traite du soir qu'il est utile de ne pas mélanger avec la traite du matin ; ne laisser jamais trop longtemps séjourner le lait dans des récipients en vue de l'écrémage qui constitue un véritable vol de la part du vendeur.

L'exagération ne nuit jamais en ces matières et si les choses étaient faites convenablement par tous les producteurs, bien des laits seraient à l'abri de l'altération et la proportion des fromages de bonne qualité serait plus élevée. Les laitiers ont d'ailleurs non seulement le droit, mais encore le devoir, dans

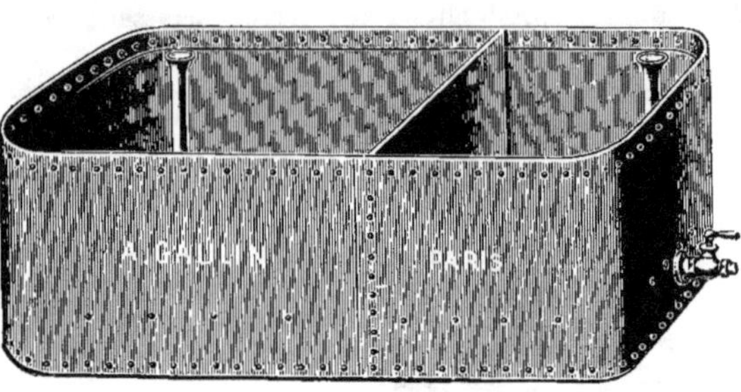

Bac à laver les pots (Cliché de M. Gaulin).

l'intérêt de la collectivité, de *contrôler* fréquemment, à l'aide des divers appareils dont nous avons parlé (chap. V), les laits qui leur sont fournis et de refuser ceux dont la composition et la propreté laissent à désirer qui, par leur mélange avec les bons, risquent d'altérer la masse.

Dans le même ordre d'idées, il serait avantageux de voir adopter s'il était réalisable en pratique le mode de payement du lait non seulement d'après la quantité mesurée ou pesée, mais encore d'après la teneur en extrait sec. Cette méthode serait plus équitable pour tous ; elle inciterait les producteurs à mieux nourrir les animaux et provoquerait ainsi un progrès certain.

Lorsque le lait sera destiné à des laiteries, on évitera de lui faire subir de trop longs trans-

Echaudoir à vapeur pour la stérilisation des bidons
(Cliché de M. Gerin).

ports qui peuvent, surtout pendant les chaleurs et les temps orageux, provoquer la fermentation ; on le fera tout au moins voyager en bidons pleins, le matin de façon à ce qu'il soit rendu à 7 heures au plus tard, dans des véhicules à ressorts couverts d'une bâche mouillée disposée au-dessus des bidons pour favoriser l'aération.

On veillera avec le plus grand soin au nettoyage des bidons en installant dans les laiteries des appareils à stériliser et on évitera le retour du petit lait dans les récipients qui ont servi à transporter le lait.

On ne mélang ra pas les laits froids avec les laits chauds. C'est aux industriels qu'il appartient de se préoccuper de ces desiderata et de ne recevoir que des laits provenant d'un tout petit rayon.

La réalisation pratique de la traite mécanique des brebis devrait donner lieu à des essais sérieux :

« Il est facile, dit avec raison M. Lebrou (1), de stériliser un appareil et de le conserver stérilisé s'il est bien clos : opérer mécaniquement et automatiquement la traite en vase bien fermé sera la solution idéale. Un simple lavage du bout du trayon suffira pour assurer l'innocuité absolue du lait, au moins quant aux ferments qu'il aurait pu recevoir depuis sa sortie de la mamelle et quant à *tous* les ferments si l'animal est reconnu sain.

» Mais là ne serait pas le seul avantage de la traite mécanique ; au point de vue économique elle rendrait d'immenses services, car, dans les pays producteurs de lait de brebis, il n'est pas rare de manquer de bras pour traire. C'est ce qui arrive dans la région de Roquefort, dont le lait est presque exclusivement de brebis, beaucoup plus difficile et plus fatigante à traire que la vache. La traite mécanique apporterait un remède souverain à toutes ces difficultés d'ordre hygiénique ou économique ; aussi sa résolution pratique marquerait-elle un grand progrès dans la science de la laiterie. »

Malheureusement la traite mécanique, dans les conditions où elle est pratiquée actuellement pour les vaches, ne supprime pas le *soubattage* et ne produit pas une économie de main-d'œuvre très sensible.

Enfin, nous devons signaler, d'après M. J. Arthaud-Berthet (2), l'introduction possible et réellement pratique de la pasteurisation du lait à 65° pendant 5 minutes. Ce procédé supprime la plupart des ferments nuisibles dans la maturation des fromages (*ferments lactiques, levures, mycodermes, Oïdium lactis, Penicillium*, etc.) sans donner au lait aucun goût de cuit et sans lui faire perdre la faculté de coaguler normalement par la présure.

Il propose, à cet effet, un pasteurisateur continu qu'il a réalisé avec le concours de M. Perrier (3) et de la *C* *aérohydraulique* et qui utilise la fixité de température des vapeurs saturantes fournies par un liquide à point d'ébullition convenable. Il n'y a ainsi pas de surchauffe et le chauffage est très rapide. Cet appareil est d'un maniement très simple et très commode : le départ, l'arrêt, la vidange sont automatiques et le nettoyage est des plus faciles.

---

(1) P. LEBROU. *Le filtrage du lait.*
(2) J. ARTHAUD-BERTHET. *Compt. rend. de l'Acad. des sc.*, 29 mai 1905.
(3) A. PERRIER. *Sur la Pasteurisation du lait... etc. et sur un nouvel appareil de pasteurisation* (Communication au 2ᵉ Congrès international de laiterie, oct. 1905).

b) **PRÉPARATION A LA FERME** — Nous avons vu précédemment que les installations organisées pour la confection des fromages dans les fermes laissaient souvent à désirer.

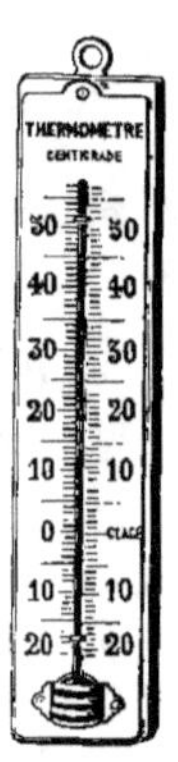

Thermomètre
pour laiterie
(Cliché de M. Gaulin).

Quant aux procédés de fabrication, ils sont des plus disparates. Tandis que la façon des fromages est confiée, chez quelques-uns, à des personnes intelligentes et connaissant leur métier, qui veillent à la propreté la plus scrupuleuse et ne négligent aucun détail, elle est faite, chez d'autres, par des ménagères d'une propreté douteuse qui ne soupçonnent même pas l'usage du thermomètre et sont exposées à commettre des fautes d'autant plus grossières qu'elles sont plus distraites de leurs fonctions de fromagères par les autres travaux du ménage.

M. de Laval (1) présentait, d'une façon très saisissante, une peinture de cette situation en 1881 ; nous la reproduisons quoique la préparation des fromages à la ferme ne soit plus aujourd'hui que l'exception : « Le lait, disait M. de Laval, qui concourt à produire les 4700000 à 5000000 de kilogrammes de fromage dont nous avons précédemment parlé et dont la somme totale n'est pas moindre, pour tout le pays producteur, de 25000000 de litres, est fourni, comme on sait, par les brebis du département de l'Aveyron et de trois ou quatre départements limitrophes et appartenant à environ 3500 agriculteurs petits ou grands. Chacun de ces 3500 agriculteurs, après avoir fait traire ses brebis et recueilli leur lait, livre cette matière première à une personne de sa maison (sa femme, sa fille ou sa servante) qui a pour mission de lui faire subir ses diverses transformations.

« Et voilà 3500 personnes, ignorant toutes les notions les plus élémentaires de physique et de chimie, essayant par tâtonnements une présure animale tout à fait incertaine, dosant le pain moisi comme ça vient, réglant le degré de chaleur de leur chaudière à l'œil ou du doigt, et faisant feu de tout bois, en train de cuisiner journellement, pendant la saison de la traite, à leur guise, à leur façon, suivant leur degré d'intelligence ou d'expérience, dans 3500 maisons rurales différentes de construction, qui, — il faut cependant bien le dire — ne brillent pas toujours et partout par une exquise propreté et dans des locaux le plus souvent en dehors de toutes les conditions atmosphériques exigées par la science dans ce cas !... Quel chaos !... Trois mille cinq cents cuisinières ! Ah ! la jolie tour de Babel culinaire ! »

M. de Laval prétend plus loin que, par le fait de la préparation à la ferme, on a déjà deux tiers de qualité médiocre ou mauvaise. C'est dans l'espoir de rendre plus parfaite la préparation première des fromages que l'on a eu l'idée de créer des laiteries un peu partout dans les pays de production.

---

(1) H. B. DE LAVAL, *La crise dans l'industrie de Roquefort et les moyens d'en sortir.*

c) FABRICATION DANS LES LAITERIES. — On pensait, avec quelque raison, en multipliant les *laiteries*, améliorer, dans une certaine mesure, la disposition et la tenue des locaux et du matériel, ainsi que le mode de fabrication, grâce au choix sévère qui devait être fait des agents préposés à ce genre de travail. Malheureusement, les *laiteries* ont été, dans certains cas, mal comprises et n'ont pas justifié toujours et partout la confiance qu'on avait en elles. S'il en existe beaucoup qui fonctionnent bien, il y en a encore qui laissent à désirer pour une cause ou pour une autre. Si nous examinons les conditions que devrait, à notre avis, remplir une *laiterie* pour donner de bons résultats, nous remarquons qu'elles ne sont pas toutes à l'abri de la critique.

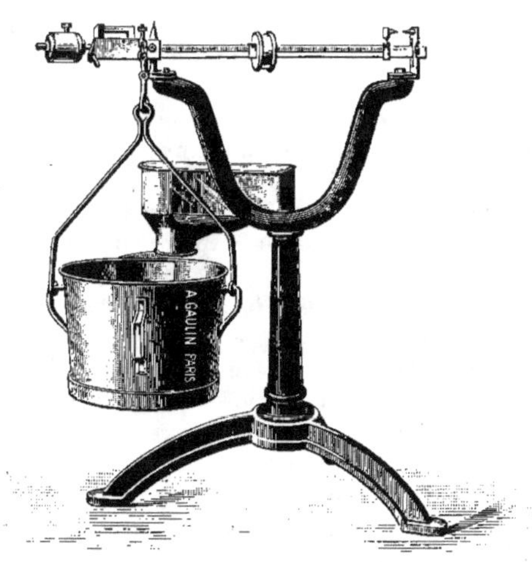

Pèse-lait à romaine (Cliché de M. Gaulin).   Ecrémeuse centrifuge (Cliché de M. Pilter).

Les *laiteries* devraient, d'après Pouriau (1), être des lieux tranquilles, à l'abri des trépidations causées par une force motrice quelconque, éloignées des étables, des fosses à purin ou à fumier, ainsi que des dépôts d'immondices et généralement de tout ce qui peut laisser échapper dans l'air des organismes vivants susceptibles de jouer le rôle de ferments. On devrait pouvoir y maintenir, en toute saison, un air sec et une température aussi constante que possible, en choisissant l'exposition du nord et un site bien aéré toutes les fois que cela est réalisable. Nous pouvons déclarer hardiment que, dans l'établissement

______

(1) POURIAU. *La laiterie.*

de bon nombre de *laiteries*, on ne s'est pas suffisamment pénétré de ces règles fondamentales (1).

On devrait disposer, dans toute *laiterie* bien comprise, d'une grande quantité
d'eau pure et froide pour entretenir dans le local la propreté la plus minutieuse
et paralyser le rôle des mauvaises fermentations. Tous ceux qui sont passés en
se bouchant le nez devant certaines *laiteries* mal tenues sont persuadés, sans
qu'il soit nécessaire d'insister, que les conditions de propreté dont nous venons
de parler sont loin d'être toujours remplies, soit parce que l'eau manque
pour faire des lavages abondants, soit parce que les agents préposés à la fabrication ne multiplient pas comme il conviendrait ces lavages indispensables.

Baratte (Cliché de M. Pilter).

Nous venons de parler des agents : ils devraient être, grâce à la spécialisation de leur
travail, plus compétents, mieux préparés que la
ménagère de la ferme absorbée par d'autres
préoccupations.

Nous pouvons cependant affirmer que, souvent, ce personnel fait du mauvais travail, soit
parce qu'étant mal rétribué, il ne peut être bien
recruté et qu'il est incompétent. soit parce
qu'il est mal surveillé, soit parce que, par mesure d'économie, il est trop réduit et ne peut
arriver à accorder tous les soins exigés par une
bonne préparation.

Enfin, chose plus grave encore, le lait traité
dans les *laiteries* a, parfois, subi un commencement d'altération lorsqu'il arrive dans les bassines à emprésurer ; souvent
même, il est fraudé volontairement par une addition d'eau ou par l'écrémage.
Nous avons vu cependant combien il est essentiel de n'employer que du lait
de bonne qualité et absolument naturel. Il suffit, en effet, de verser dans un
cuvier de 500 litres un bidon de lait altéré pour compromettre le produit
tout entier.

On n'arrivera à surmonter ces difficultés, dans les *laiteries*, qu'en exigeant la
propreté la plus minutieuse, grâce à l'application des prescriptions que nous
avons énumérées plus haut, en s'approvisionnant dans un rayon très étroit, de
façon à supprimer, surtout par les grandes chaleurs, le transport à de grandes
distances et la fermentation qui en est la conséquence, enfin en organisant
d'une façon très sévère le service de *contrôle du lait*.

Le rayon d'approvisionnement des *laiteries* qui était autrefois très grand,

(1) Il faut dire toutefois que la question pécuniaire prime tout dans cet établissement. Tout le monde
ne peut pas construire des laiteries dans lesquelles, la plupart du temps, on n'est pas sûr de faire suffisamment de fromages pour couvrir la dépense ; dans ces conditions, on loue où l'on trouve et aussi bon
marché que possible.

et atteignait parfois 20 à 30 kilomètres a, aujourd'hui, bien diminué et ne dépasse guère, en général, 7 à 8 kilomètres, ce qui est avantageux pour la bonne tenue du lait.

Il y aurait sans doute intérêt à substituer, comme on l'a fait dans d'autres pays d'industrie laitière, le pesage du lait au mesurage actuellement pratiqué dans les *laiteries* : « Dans la plupart des cas, dit M. Martin (1), il est plus rationnel de peser le lait que de le mesurer, de même que l'on pèse le beurre et les fromages ; on a ainsi la même unité d'évaluation pour la matière première et pour les produits qui en dérivent. Le pesage donne aussi des indications plus exactes, car le mesurage est influencé par la formation plus ou moins abondante de l'écume et par les variations de volume qui dépendent de la température.

En résumé, les *laiteries*, considérées dans leur ensemble, peuvent, si elles sont bien établies et si elles sont bien dirigées, jouer un rôle très utile en augmentant la qualité *moyenne* du fromage, car nous devons dire que les qualités vraiment *supérieures* ont été jusqu'ici et seront toujours fournies par des fermes bien tenues, placées dans des conditions de milieu favorables.

On ne saurait trop, dès lors, conseiller l'amélioration progressive de ces établissements, en s'inspirant des critiques que nous venons d'énumérer et des conseils que nous avons donné dans le chapitre VII. Cette amélioration est, du

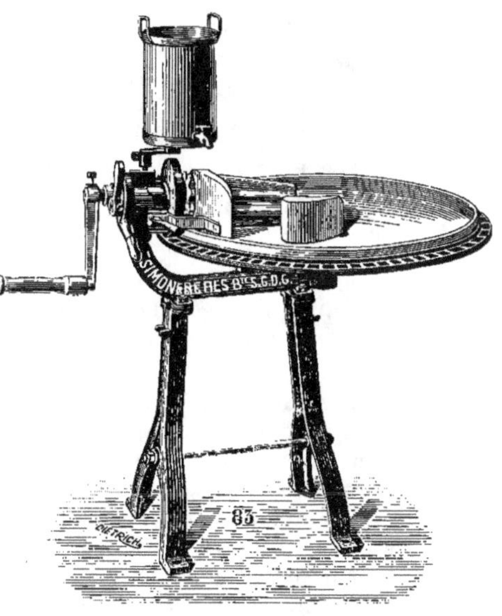
Malaxeur rotatif (Cliché de M. Simon)

reste, en bonne voie et nous sommes heureux de constater que les *laiteries* laissent, d'une façon générale, beaucoup moins à désirer qu'il y a quelques années.

Il serait avantageux de laisser à l'initiative individuelle le soin d'organiser ou tout au moins de diriger les *laiteries*, de façon que le gérant fût responsable du produit ; les négociants de Roquefort se déchargeraient ainsi d'une surveillance difficile à exercer à cause de la fraude des laits qui se développe dans certaines régions.

(1) Ch. MARTIN. *Laiterie.*

Il serait utile, d'autre part, d'organiser, pour encourager la pratique des bonnes méthodes, des concours de fromages et de tenue des *laiteries*.

Il pourrait y avoir intérêt à retirer proprement le beurre du petit-lait avant de le distribuer en nourriture aux porcs. Sans entrer dans des détails sur la fabrication de ce sous-produit, nous pouvons bien dire que l'outillage perfectionné ne fait pas défaut pour le fabriquer et que les *écrémeuses centrifuges,*

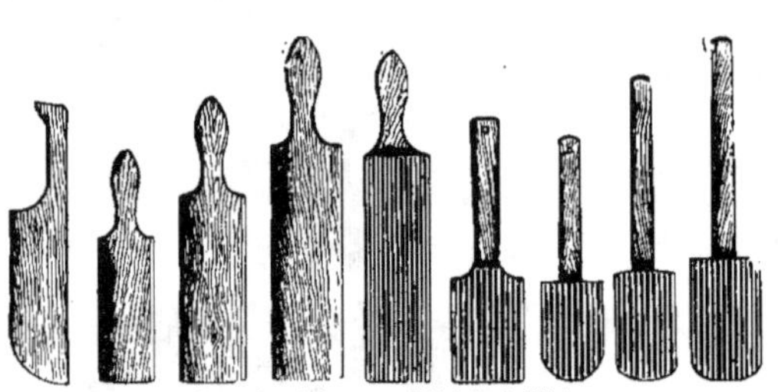

<table>
<tr><td>Spatules à beurre (Cliché de M. Pilter).</td><td>Moule à beurre (Cliché de M. Garin).</td></tr>
</table>

les *barattes*, les *malaxeurs*, etc., seraient bien à leur place dans les *laiteries* qui produisent le *roquefort*. Le petit-lait gagnerait aussi à être *stérilisé* avant de retourner à la ferme, comme cela se pratique dans les Charentes.

d) TRANSPORT DES FROMAGES FRAIS. — A la suite du développement pris par l'industrie du *roquefort*, le rayon d'approvisionnement s'est considérablement étendu, trop étendu peut-être, pour ne pas nuire à la qualité. Durant les longs trajets, résultant de l'éloignement des centres de production aux caves, les fromages sont exposés, surtout en été, à des altérations spéciales, telles que le *beurrage extérieur*, *l'affaissement*, la *gerçure* ou la *déformation*. Beaucoup sont complètement perdus ou, s'ils sont conservés, ils ne sont plus susceptibles de donner que des qualités inférieures. On pourrait peut-être remédier à ces inconvénients en lavant les fromages à l'eau salée dès le 3e jour de leur fabrication. Il résulte d'essais entrepris dans ce sens par un producteur qui a bien voulu nous mettre au courant de ses travaux, que ce mode d'opérer met les fromages à l'abri des altérations qui le menaçaient autrefois, sans pour cela changer leur nature. Il est essentiel, d'autre part, de ne faire voyager les fromages, autant que possible, que la nuit.

e) AFFINAGE A ROQUEFORT. — L'affinage dans les caves n'est pas, lui aussi, toujours irréprochable. On affine aujourd'hui à la vapeur. Beaucoup de fromages entrent dans les caves pour en sortir prématurément, au bout de 30 à 40 jours, sans avoir acquis des qualités sérieuses par un séjour plus prolongé de un mois et demi ou deux mois. D'autres, au contraire, au moment de la mévente et de l'encombrement, font dans les caves un séjour exagéré, sont soumis à des raclages et, par suite, à des déchets considérables et finissent par perdre une partie de leurs qualités quand ils ont dépassé la limite de leur maturité normale.

D'autre part, la surproduction a poussé les négociants de Roquefort à construire de nouvelles caves à côté des anciennes ; mais les constructions les plus récentes sont loin de valoir celles qui ont été créées à l'origine et dans lesquelles la température se maintient dans les environs de 7 à 8°. Ajoutons que l'encombrement des caves qui se produit fréquemment, au moment de la grande production de l'été, élève encore, dans une certaine mesure, jusqu'à 11° et 12° cette température.

Dans certains cas, les courants d'air, qui alimentaient jadis une seule cave, ont été subdivisés et répartis entre plusieurs : cette opération a forcément dimi-nué la proportion de froid et d'humidité revenant normalement à chaque fromage. On a pu augmenter la capacité des caves mais il n'a pas été possible d'augmenter en même temps la production des éléments naturels (froid, humidité), qui permettent de faire l'affinage. On a agi, à Roquefort, un peu comme agirait un éleveur qui, doublant la contenance de sa bergerie, doublant aussi le nombre de ses brebis, ne doublerait pas en même temps les ressources alimentaires dont il disposait précédemment. On se représente sans peine les résultats obtenus par un tel agriculteur : au lieu de produire, comme par le passé, des animaux bien nourris, de qualité supérieure, susceptibles d'acquérir un prix élevé sur le marché, il n'obtiendrait que des animaux affamés et étiques dépréciés des consommateurs qui, malgré la bonne réputation acquise jadis par l'éleveur, ne tarderaient pas à abandonner ses produits à mesure qu'ils s'apercevraient de la diminution de la qualité.

L'aménagement de réfrigérants bien établis et en convenable proportion est, toutefois, de nature à rémédier en partie aux inconvénients que nous venons de mettre en relief.

L'on peut dire aussi, d'après M. J. Arthaud-Berthet (1), que la véritable méthode rationnelle de fabrication et de maturation des fromages serait de pasteuriser le lait à 65° pendant cinq minutes, pour tuer les microbes nuisibles et de faire ensuite des ensemencements de ferments purs sélectionnés (*ferments lactiques, Penicillium,* etc.) Il a obtenu des résultats très satisfaisants pour le *brie* et le *camembert* et déclare cette méthode réellement pratique et industrielle. Il fait de plus remarquer que, sans appliquer la pasteurisation, il y aurait grand avantage à employer des cultures pures de ferments lactiques et de ferments spéciaux de la pâte à l'emprésurage et de *Penicillium* sélectionné à la mise en moules. L'on fait ainsi prédominer les bonnes espèces microbiennes et,

---

(1) J. ARTHAUD-BERTHET. Note à l'*Acad. des scienc.*, 29 mai 1905, p. 1475, et Communication au 2ᵉ *Congrès international de Laiterie*, oct. 1905.

dans les deux cas, avec ou sans pasteurisation, l'on obtient plus régulièrement et plus sûrement des produits homogènes de haute qualité s'affinant et se conservant bien et restant longtemps à point pour le consommateur. Toutes les opérations que comportent ces améliorations sont à la portée d'un simple ouvrier.

f) TRANSPORTS FRIGORIFIQUES DES FROMAGES AFFINÉS. — Nous avons fait ressortir au chap. X (*Commerce*), combien l'organisation des transports par wagons et par bateaux réfrigérés serait favorable à l'exportation et même à la circulation en France des fromages affinés Résumons en peu de mots, d'après M. de Loverdo (1), les diverses façons d'utiliser le froid dans l'industrie des transports.

1° On peut placer les marchandises dans des *caisses réfrigérées* dans lesquelles l'abaissement de la température est obtenu avec de la glace fondante. Mais les Compagnies de chemins de fer taxant le poids de la caisse isolée, généralement très lourde par rapport au poids net, comme la marchandise elle-même, il en résulte, pour le transport de cette marchandise, une augmentation de prix considérable qui rend peu pratique l'adoption de ce procédé.

2° On peut se servir de *wagons réfrigérés*. Ces wagons peuvent être de trois sortes :

a) Wagons isolants ou wagons à doubles parois avec un corps mauvais conducteur (liège ou autre) entre les deux. Ces wagons sont refroidis à l'usine au moment du chargement de la marchandise, par un courant d'air froid, puis hermétiquement fermés jusqu'à leur destination. Ce système est excellent, mais il nécessite l'établissement d'une usine frigorifique au point de départ.

b) Wagons glacières, semblables aux précédents, mais refroidis par une provision de glace dont on les charge au départ ; ils ne valent pas les premiers, mais évitent l'établissement d'une usine frigorifique et peuvent être ouverts en cours de route pour compléter leur approvisionnement. C'est le type adopté par l'*Association centrale des laiteries coopératives des Charentes et du Poitou* qui a aménagé à ses frais les premiers wagons mis gratuitement à sa disposition par l'*Administration des chemins de fer de l'Etat*, à la seule charge pour l'*Association* d'assurer pour chacun des véhicules ainsi spécialisés une moyenne de huit voyages par mois, avec un minimum de chargement de 4.000 kil. Dans d'autres pays, en Allemagne, par exemple, l'aménagement est fait par l'*Administration des Chemins de fer* et on n'a pas de supplément à payer. Aux Etats-Unis, le prix du transport par *wagons glacières* revient à un quart de ce que coûte en France le prix du transport par wagon ordinaire, à distance égale.

(1) De Loverdo. *Application du froid au transport du beurre.*

c) Wagons frigorifiques, ou wagons portant leur machine à froid. Il n'en existe qu'en Russie et en Allemagne. A l'aide de ce matériel, on porte de Sibérie en Danemarck d'énormes quantités de beurre pour 0 fr. 30 environ le kilo net.

L'utilisation du froid sur mer exercerait, elle aussi, une influence très favorable sur l'exportation du *roquefort* et la ferait rapidement augmenter.

Aussi on ne peut que souhaiter la réalisation d'une entente entre les industriels de Roquefort et la mise à l'étude, par les compagnies de chemins de fer et de navigation, d'un procédé pratique de transport par wagon réfrigérant.

g) ÉCOLE OU STATION D'INDUSTRIE LAITIÈRE. — La création d'une école de laiterie dont le Conseil général de l'Aveyron s'est, à plusieurs reprises, préoccupé, sans jamais aboutir à une solution (1), serait des plus utiles pour étudier et faire pénétrer dans la pratique la notion des conditions les plus favorables à la production et à la manipulation du lait, des circonstances météorologiques qui influent sur la coagulation, des meilleurs procédés de fabrication et des soins à donner aux fromages avant leur arrivée aux caves ; elle permettrait, notamment, de donner une solide instruction technique aux jeunes gens destinés à diriger des *laiteries* ; enfin, une station d'essais étudierait utilement l'affinage dans les caves et tout ce qui a trait aux questions commerciales.

Toutes les grandes industries laitières ont leur école pratique spéciale et réalisent des progrès considérables.

Dans le Doubs il y a l'*École nationale de laiterie de Mamirolle*, dans le Jura, l'*École pratique de Poligny* ; ces deux établissements sont, en même temps, des stations d'industrie laitière ; dans les Charentes, la *Station d'industrie laitière de Surgères*, créée depuis peu d'années et qui a déjà rendu de si grands services aux coopératives qui produisent le beurre, vient d'être érigée en *École de laiterie*. Dans l'Ain et les deux Savoies, les *fruitières-écoles*, organisées plus modestement, pullulent littéralement. Plus près de nous, nos voisins de la Lozère possèdent l'*École de laiterie de Marvejols* et nos voisins du Cantal l'*École de laiterie de Cuèlhes*. Seules les régions fromagères de notre département n'ont rien fait, depuis les tentatives signalées ci-dessus, pour réaliser une de ces utiles organisations.

Et cependant un premier pas a été tenté : M. Friant, directeur de l'*École de laiterie de Poligny*, chargé en 1898, par M. le Ministre de l'Agriculture, d'étudier les voies et moyens propres à assurer la création d'un établissement

(1) Voir, à ce sujet, les propositions de MM. les Conseillers généraux P. Fournol (Séances du 28 avril et du 17 août 1897), Pailhas et Lacombe (Séance du 20 août 1897), Niel et Vidal (Séances des 24 et 25 août 1899), de Valady (Séance du 22 août 1900) et nos *Rapports* du 10 août 1897 sur la *Crise du roquefort*, des 2 décembre 1897, 21 mars 1899, 21 février 1900, 30 juin 1900, et 2 février 1901 sur l'organisation d'une station laitière.

d'enseignement technique, repartait de notre pays avec la conviction que l'on pourrait, sans trop de frais, créer, sinon une *école de fromagerie*, tout au moins une *station d'industrie laitière* utile aux deux industries fromagères de *Roquefort* et de *Laguiole*, avec les concours réunis de l'Etat, du département et d'un établissement laitier.

Le directeur de la *station* aurait été chargé, d'après le rapport de M. Friant :

1° D'établir, au moyen de recherches expérimentales, le procédé rationnel de fabrication du *roquefort* et de la *fourme* ;

2· De divulguer le résultat de ses expériences : *a)* par des conférences dans les localités intéressées ; *b)* par des cours temporaires à la *station*, au personnel des laiteries ; *c)* par des inspections de *laiteries*.

Cette *station* aurait été annexée à une *laiterie* dont l'exploitant aurait fourni les locaux, le lait et le personnel nécessaires. Le traitement du directeur aurait été payé par l'Etat. Les frais de recherches, soit 500 fr. pour l'entretien et le renouvellement du matériel de laboratoire et 400 ou 500 fr. comme indemnité pour malfaçons au cours des essais et des démonstrations aux élèves, auraient été à la charge du département. Enfin, les *laiteries* auraient souscrit un abonnement annuel de 25 francs, comme cela se pratique dans les Charentes, pour une ou deux inspections par an.

Organisée dans ces conditions, la *station* n'aurait pas été trop onéreuse pour le département et aurait pu, dans la suite, après avoir fait ses preuves, être transformée au besoin en *école de fromagerie*.

Il aurait fallu, pour faciliter la création d'un établissement de ce genre, que les grandes maisons de Roquefort se montrassent favorables à cette institution, en participant au besoin à une partie des frais. Malheureusement ces maisons n'ont en rien favorisé ces institutions et se sont même montrées hostiles à la création d'une *école de laiterie*, ou d'une *station d'industrie laitière* ; elles éparpillent leurs efforts en entretenant des laboratoires privés.

Comme conclusion à ces conseils, nous ne saurions mieux faire que de reproduire ici quelques passages du cri d'alarme jeté par M. de Laval (1) au moment de la crise de 1881 ; ses observations conservent toute leur valeur :

« Vous êtes routiniers, prenez garde ! disait-il aux cultivateurs et aux industriels. Les produits similaires ou approximativement similaires deviennent de plus en plus nombreux ; les marchés sont, en outre, encombrés de fromages de toute sorte et de toute provenance ; l'industrie laitière tend, en agriculture, à prendre une importance prépondérante : des hommes de savoir y consacrent leurs lumières ; les qualités des denrées laitières, beurres et fromages, s'améliorent tous les jours. Le progrès vous pousse, la concurrence vous talonne, la science vous guette ..

» Nous ne sommes plus au temps — il ne faut pas l'oublier — *où le ro-*

---

(1) H.-B. DE LAVAL. *La crise de l'Industrie de Roquefort et les moyens d'en sortir.*

quefort était le seul en son genre, où , fabriqué en petite quantité et dans un rayon restreint, on pouvait y apporter tous ses soins; où quelques charrettes de roulage emportaient, pour être livrées à la consommation, quelques centaines de quintaux, au temps, enfin, où votre fromage était *l'apanage de quelques gourmets seulement.*

» Les choses ont bien changé de face depuis. Les chemins de fer sont venus, qui ont jeté des milliers de kilogrammes sur toutes les places de France et de l'étranger. Tout le monde en a voulu et en demande, car le niveau du bien-être s'étant élevé, là ou autrefois l'on mangeait du pain noir ou du pain bis, l'on mange du pain blanc aujourd'hui et encore faut-il que ce pain blanc soit accompagné d'un bon morceau de fromage... Nous disons *bon*, car les consommateurs, tous, veulent du *bon* et délaissent le médiocre et surtout le mauvais...

» Certes, heureusement encore, le *roquefort* est le *roi des fromages*; mais par ce temps de bien-être général, il ne saurait prétendre à exercer sa royauté sur tous ses tributaires qu'à la condition expresse de ne plus se présenter sur les marchés avec des airs de grand seigneur, à la condition de ne plus être roi à privilèges, mais d'être roi pour tous, petits et grands, d'avoir de la bonté pour tout le monde et d'être accessible aux moins fortunés, sinon les suffrages du plus grand nombre iront à d'autres de plus facile abord.

» Il ne faut pas que pareille chose soit et elle ne sera pas : vous vous rappellerez que *noblesse oblige*. Mais, du reste, ici ce n'est pas *affaire de sentiment*, c'est *affaire d'intérêt*, et votre intérêt bien compris est, tout en vous réservant — ce qui est justice — un prix justement rémunérateur, de donner *bonté* à vos produits et de les mettre en même temps à la portée de toutes les bourses.

» Produire beaucoup, produire bon et livrer au commerce à des prix modérés, en rapport avec ceux des produits similaires, tel est aujourd'hui le problème à résoudre... »

h) AMÉLIORATION DU BÉTAIL. — Nous rappellerons ici, pour mémoire, les conseils donnés dans le chapitre IV au sujet de l'amélioration des animaux producteurs de lait par la sélection, l'hygiène et une meilleure alimentation. Celle-ci est d'ailleurs subordonnée aux progrès généraux de la culture et au développement des récoltes fourragères.

Il serait à souhaiter que, à l'exemple du *Larzac*, les populations ovines des *Causses*, du *Ségala* et de *Lacaune* (1) eussent aussi leur *concours spécial* de race. Cette création serait justifiée et par le nombre et par la qualité des animaux de ces régions.

(1) Nous apprenons, au dernier moment, qu'un *concours spécial de la race de Lacaune* aura lieu en 1906 dans la région de Saint-Affrique.

XII

CONCURRENCE

PRESQUE tous les fromages peuvent être considérés comme des concurrents du *roquefort*, puisque celui-ci est vendu sur tous les points du globe.

Si quelques-uns de ces concurrents sont peu redoutables au point de vue de la qualité, ils portent souvent à notre produit aveyronnais un préjudice très réel, en raison du bon marché auquel ils sont livrés ; il y a, en effet, plus de consommateurs que de connaisseurs et la classe ouvrière, parfois même la classe aisée, va souvent au bon marché, surtout lorsque entre les dernières qualités de *roquefort* et les meilleures *contrefaçons* la différence est peu sensible.

Il n'y a rien à dire lorsque ces produits se présentent franchement sur le marché sous leur véritable nom ; mais la lutte devient absolument déloyale lorsque, — c'est souvent le cas — des *contrefaçons* plus ou moins réussies, ou bien des *similaires* ayant des rapports lointains avec le *vrai roquefort* empruntent le nom de celui-ci pour obtenir un écoulement plus assuré ; la réputation de notre fromage n'a rien à gagner à ces confusions qui sont volontairement entretenues dans l'esprit des consommateurs.

Ces considérations nous engagent à étudier sommairement les divers fromages à pâte bleue autres que le *roquefort* ; ils peuvent être faits avec du lait de brebis ; mais ils sont, le plus souvent, fabriqués avec du lait de vache, du lait de chèvre ou avec des laits mélangés.

Nous distinguerons entre les *imitations*, les *contrefaçons* et les *similaires* ; ces derniers diffèrent des imitations et des contrefaçons en ce qu'ils ont un nom et des caractères originaux qui leur sont propres.

IMITATIONS. — On peut réserver cette appellation aux fromages affinés dans les *caves bâtardes* : on désigne ainsi des caves ou grottes naturelles situées en dehors de la commune de Roquefort mais *dans la même région*. Les fromages qui servent à l'approvisionnement de ces caves sont fabriqués dans les fermes ou dans les laiteries, avec du lait en tout semblable à celui qui sert à produire le *roquefort*.

Les procédés de fabrication du fromage frais sont identiquement pareils à ceux décrits dans les chapitres VI et VII ; l'affinage lui-même et le commerce sont sensiblement conduits de la même façon qu'à Roquefort ; c'est pourquoi nous n'avons pas hésité à comprendre, dans notre liste des laiteries, le nom de celles qui travaillent pour les *caves bâtardes* et qui sont enchevêtrées avec celles de Roquefort ; de même nous n'avons pas distingué, dans l'évaluation totale des animaux laitiers et du lait mis en œuvre, entre ce qui approvisionne Roquefort et ce qui alimente les *caves bâtardes*. Pour l'évaluation du fromage affiné seulement nous avons fait la part de chacun.

La plupart de ces *caves bâtardes* sont loin de valoir les meilleures de Roquefort ; elles ne présentent pas, au même degré, les conditions de température et d'hygrométrie qui caractérisent celles-ci. Cependant, lorsque l'affinage est conduit avec soin, on obtient quelquefois des produits qui ne démériteraient pas de s'appeler *roquefort* et qui sont supérieurs, il faut bien le dire, à bon nombre de fromages authentiques mal soignés.

Malgré tout, il y a entre les fromages des *caves bâtardes* et ceux *de Roquefort* la différence qui existe entre les vins des grands crûs et ceux des coteaux voisins qui les rappellent mais ne peuvent en atteindre les qualités supérieures.

Les *caves bâtardes* actuellement en exploitation sont les suivantes :

NOM ET SITUATION DES CAVES	Exploitant	Affinage annuel
Cave de Cénomes (1), com^ne de Montagnol (Aveyron).	Nouguier	110.000 kil.
— de Labadie, com^ne de Montpaon (Aveyron)	Soc. Ch. Got	70.000 —
— du Matharel, com^ne de Tournemire (Aveyron).	Marty	50.000 —
— de Lunas (Hérault)	Gauffre	45.000 —
— de Trèves (Gard)	Boussinesq	42.000 —
— de Trèves (Gard)	Benoît	35.000 —
— de l'Estang (2), com^ne de St-Saturnin (Aveyron).	Soc. anonyme	32.000 —
— des Desroucades, c^ne de Ste-Eul.-du-C. (Aveyr.)	Mazerand	26.000 —
— du Luc, com^ne de Campestre et Luc (Gard)	Syndicat	25.000 —
— de Compeyre (Aveyron)	Roques	8.000 —

On peut mentionner encore un certain nombre de caves momentanément inexploitées, et dont la fermeture a eu souvent pour cause la concurrence qui leur a été faite par les *fromages bleus* de vache certainement inférieurs comme qualité, mais vendus meilleur marché ou encore les difficultés d'accès et de service. Ce sont les caves : de *Beaumescure* et de *Caylet*, com^ne de Labastide-Pradines, Aveyron ; du *Bourg* et de *Peyrelade*, com^ne de Rivière, Aveyron ; de *Corps*, com^ne de Laroque-Ste-Marguerite, Aveyron ; de *Cotterouge*, com^ne de St-Beaulize, Aveyron ; d'*Espinassous*, com^ne de Plaisance, Aveyron ; du *Frayssinel*, com^ne de Castelnau-Pégayrolles, Aveyron ; de *Landric*, com^ne de St-Bauzély, Aveyron ; des *Mazes* ou de *Rey*, com^ne de St-Jean-d'Alcapiès, Aveyron ; de *Meyrueis*, Lozère ; de *Pégayrolles-de-l'Escalette*, Hérault ; de *St-Paul-des-Fonts*, Aveyron ; de *St-Pierre-des-Cats*, com^ne de Mélagues, Aveyron ; de la *Sablière* et de la *Vacquerie*, com^ne de la Vacquerie, Hérault ; de *Virazels*, com^ne de St-Georges-de-Luzençon, Aveyron. Des essais d'aménagement des caves naturelles de *St-Laurent*, com^ne de Salles-la-Source ont été tentés, en 1841, par M. H. Carcenac (3). Enfin, citons le nom d'un certain nombre de caves mentionnées avec quelques-unes des précédentes par les vieux auteurs, Marcorelles, l'abbé Rozier, Desmarest, Monteil, etc., mais dont il ne nous a pas été possible de déterminer sûrement la position géographique : Alric, Armalières, le Bousquet, Caussenègre, la Roque.

On comprendrait à la rigueur, s'il n'y avait pas des droits acquis, que l'on permit aux fromages fabriqués dans les caves bâtardes de s'appeler *façon roquefort*, puisqu'ils sont obtenus par les mêmes procédés de fabrication, avec les mêmes matières premières et dans la même région. Mais les négociants de Roquefort ne l'entendent pas ainsi et s'attaquent, pour défendre leur mar-

---

(1) La Cave de Cénomes est installée dans des galeries de mine abandonnées qui ont été creusées par les Romains.

(2) L'aménagement des Caves de l'Estang fut commencé en 1841, par M. Gibelin de la Guiraldie qui raconte ses premiers déboires et tâtonnements dans le *Bull. de la Soc. cent. d'Agric. de l'Aveyron*, 1846 à 1855.

(3) *Bull. de la Soc. cent. d'Agric. de l'Aveyron*. 1841. p. 125.

que, aussi bien aux propriétaires de *caves bâtardes* qui empruntent leur nom
qu'aux plus vulgaires *contrefacteurs*.

CONTREFAÇONS. — Ce sont des fromages *persillés* faits, le plus souvent,
de lait de vache, plus rarement de laits mélangés, dont la forme, l'aspect,
ainsi que le mode de fabrication ont été inspirés par le *roquefort*, mais dont
la qualité est très différente. D'un goût parfois amer, leur pâte manque de la
finesse, du moelleux et du parfum qui caractérisent le vrai *roquefort*.

Le véritable nom de ces produits est *fromage bleu* ; mais ils empruntent
trop souvent, au grand préjudice des produits de l'Aveyron, le nom de *roquefort* ou de *façon roquefort* qui ne leur appartient pas ; leur goût ressemble,
d'ailleurs, davantage à celui du *gorgonzole* qu'à celui du *roquefort*.

Le type de ces sortes de fromages est le *bleu d'Auvergne* fait avec du lait
de vache pur ; on le fabrique soit dans des laiteries soit dans les fermes et
on le transporte ensuite dans des caves d'affinage de valeur très diverse. Le
prix de ces fromages affinés varie entre 130 et 150 fr. les 100 kil.

Citons les fromageries des environs de Bourg-Lastic, Gerzat, Larodde, La-
queuille, Montagne-de-Latour, Murat-le-Quaire, Picherande, Pontgibaud, Roche-
fort, St-Amand-Roche-Savine, St-Dier-d'Auvergne, St-Donat, St-Jean-des-Ollières,
St-Sauves, Sugères, Tauves, Tours, dans le Puy-de-Dôme, Cheylade, Jou-sous-Mon-
jou, Laveissière, Marcenat, Moussages, Polminhac, Raulhac, Riom-ès-Montagne,
St-Clément, St-Jacques-des-Blats, Thiézac, Trizac, Valette et Velzic dans le Cantal.

On fait encore du *fromage bleu* dans les communes de Brullioles, Dieme,
Meys, Ste-Foy-l'Argentière, St-Genis-l'Argentière, St-Laurent-de-Chamousset
(Rhône), Briançon, St-Laurent-du-Cros (Hautes-Alpes), Châteauneuf, Marvejols
(Lozère), St-Julien-la-Vêtre, la Roche-Roanne, Valfleury (Loire), Brezins, Cham-
pier, Entraygues (Isère), Thérondels (Aveyron), Guéret (Creuse) et dans la Haute-
Loire (1).

Enfin, certains pays d'Europe et d'Amérique s'efforcent de faire des contrefaçons de *roquefort*. Citons l'Allemagne, la Bavière, la Prusse, la Hongrie (2),
la Bosnie, la Suisse (3), le Canada, les Etats-Unis.

SIMILAIRES. — Plusieurs fromages français et étrangers présentent avec le
roquefort un caractère commun, le *persillage* de la pâte ; quelques indications
sommaires sur les conditions de leur fabrication doivent donc trouver leur
place dans cet ouvrage.

(1) Disons aussi qu'on a fabriqué une imitation de *roquefort* à Saint-Denis, près Paris, vers 1843.
Voir : *Journ. de l'Agr.* 1843-44, p. 331.

(2) A Vejles on a fait des importations de brebis du Larzac et on a fabriqué pendant longtemps du
roquefort hongrois avec un certain succès. Cette contrefaçon était considérée comme l'une des plus réussies
de l'étranger ; mais la concurrence n'existe plus de ce côté, la fabrication ayant cessé.

(3) Les fromages *de Sarrazin* que l'on fait dans le petit bourg de *Sarraz* (Suisse) sont préparés avec
du lait de vache, et affinés dans des glacières artificielles.

Gex (1). — On produit ce fromage dans les arrondissements de Gex et de Nantua (Ain) et aussi dans le Jura, l'Isère et les Hautes-Alpes ; il est exclusivement fabriqué avec du lait de vache, pèse 7 à 8 kilos et mesure, en moyenne, 30 centimètres de diamètre sur 8 à 10 de haut ; sa croûte est parfois unie, mais fréquemment fendillée ; ses marbrures bleues verdâtres parsemées de taches blanches tirant sur le jaune sont moins prononcées que celles du *roquefort*. Le caillé, divisé après 1 heure et demie ou 2 heures d'emprésurage, est séparé du petit-lait, puis malaxé fortement au moment de la mise en moules ; on réunit parfois le caillé de deux traites pour faire un pain. On soumet ensuite le fromage à une pression de 4 ou 5 kilos pendant un jour en le retournant une fois dans cet intervalle. Dès la sortie du moule, on sale le pain de caillé : pour cela on le place dans un baquet et, pendant 8 à 10 jours, on saupoudre alternativement de sel ses deux faces en le retournant chaque jour et en frottant ses bords avec de la saumure.

Pour l'affinage, les pains sont déposés sur les rayons d'une cave aussi fraîche que possible ; on les retourne fréquemment et on les frotte chaque fois avec une toile grossière pour enlever la couche gluante qui se forme à l'extérieur et empêche l'accès de l'air. Le fromage est mûr au bout de 3 ou 4 mois. Il faut environ 90 litres de lait pour faire une forme. La production annuelle du *gex* est d'environ 1 million de kilos.

Gorgonzole (2). — Autrefois (3), ce fromage était fait en automne seulement, avec le lait des vaches qui, descendant des montagnes de Bergame, stationnaient dans les gras pâturages des environs de *Gorgonzola*, dans le Milanais (Italie), avant de regagner leurs cantonnements d'hiver. Aujourd'hui on fait du *gorgonzole* pendant toute l'année, dans la Lombardie et le Piémont.

Après chaque traite, le lait non écrémé est emprésuré à une température de 25° et caillé en 15 ou 20 minutes ; puis le caillé est rompu et égoutté dans une toile. Après l'égouttage du caillé du matin, on met en moules des couches alternatives de caillé frais et de caillé de la veille et on émiette la masse avec les doigts pour obtenir l'adhérence des couches entre elles. On retourne le fromage dans son moule dès qu'il a acquis une consistance suffisante pour cela ; puis on le fait séjourner, pendant quelques jours, dans un local à température fraîche en le retournant matin et soir.

On sale ensuite le fromage en faisant pénétrer le sel au moyen d'un chiffon de laine et en le retournant pendant huit à dix jours. Puis, après l'avoir porté dans une cave fraîche, on le lave à l'eau salée à trois ou quatre repri-

---

(1) Voir : Pouriau. *La laiterie* ; Millet. *Le fromage de Gex* ; H. Friant. *Le bleu du Jura.*

(2) Voir : Pouriau. *La laiterie* ; de Loverdo. *La fabrication du Gorgonzole* ; Baridon. *Le stracchino de Gorgonzola* ; Schuler. *Les caves glacées du Gorgonzole.*

(3) On fait du *gorgonzole* depuis une date antérieure au xii⁰ siècle (Paul Baridon. *Le stracchino de Gorgonzola*.

ses, pendant un mois, et on l'abandonne à lui-même pour le faire mûrir : l'affinage dure de deux à six mois.

Le *gorgonzole* a une croûte brune, une pâte jaune clair, avec des marbrures d'un jaune plus foncé mélangées avec d'autres marbrures bleues. Son poids varie de 12 à 15 kilos et ses dimensions sont, en moyenne de 30 cent. pour le diamètre et 20 cent. pour la hauteur ; son prix est de 145 à 160 fr. les 100 kilos affinés.

Les fabricants de *gorgonzole* ont emprunté à Roquefort l'ensemencement du pain moisi ainsi que le piquage des fromages, pour activer la maturité ; ils ont installé, depuis une quinzaine d'années, sous le village de Pasturo, des caves glacées dans lesquelles on fait mûrir annuellement plus d'un million de kilos de fromage ; ces caves sont pour le *gorgonzole* ce qu'est Roquefort pour le produit aveyronnais. Le *gorgonzole* est un des similaires du *roquefort* qui présentent le plus d'importance.

Sassenage (1). — Le fromage de ce nom (chef-lieu de canton de l'Isère) est fait, avec un mélange de lait de vache (9 dixièmes), de chèvre et de brebis, dans toute la partie alpestre de l'Isère. Son mode de fabrication est à peu près le même que celui du *gex*. Il mesure habituellement 30 cent. de diamètre sur dix de hauteur et pèse 6 à 7 kilos.

Septmoncel (1). — C'est le nom d'un village du Jura qui sert à désigner un fromage persillé, appelé aussi *bleu du Jura*, produit dans tout l'arrondissement de Ste-Claude. Il est fabriqué avec du lait de vache comme le *gex* ; son poids et ses dimensions sont les mêmes que pour ce dernier. *L'enquête sur l'industrie laitière* de 1901 accuse une production annuelle de 431 161 kilos de ce fromage et une valeur moyenne de 137 fr. les 100 kilos.

Mont-Cenis (2). — Ce fromage est fabriqué non seulement sur le plateau du Mont-Cenis (Savoie) à près de 2 000 mètres d'altitude, mais encore dans la Haute-Maurienne, la Haute-Tarentaise, à Lanslebourg, Termignon, Val d'Isère, Tignes (3), etc., et aussi en Italie, dans les montagnes du Piémont, avec du lait de vache auquel on mêle parfois un peu de lait de brebis et un peu de lait de chèvre (4) ; il pèse, une fois mûr, 10 à 12 kilos et mesure environ 33 cent. de diamètre et 15 cent. de hauteur. Dans les fromages bien réussis, la pâte est d'un blanc mat jaunâtre, veinée de bleu, unie, grenue, pesante, d'une saveur fraîche, délicate, un peu piquante.

Le lait de la traite du soir mélangé à celui du matin est emprésuré à une température de 25 à 30° ; puis, après découpage et égouttage dans une toile, il est placé, pendant 24 heures, dans un seau en bois. Le lendemain on incorpore

<hr>

(1) Voir : Pouriau. *La laiterie* ; H. Friant. *Le bleu du Jura.*
(2) Voir : Marsac. *Fromages de lait mélangé* ; Pouriau. *La laiterie.*
(3) Le fromage fait à Tignes et dans les environs est connu sous le nom de *tignard* ; il est recouvert d'une pelure vert blanchâtre.
(4) La composition ordinaire des troupeaux est de 15 vaches, 60 brebis et 6 chèvres.

à ce caillé d'un jour, un tiers de caillé frais et, après l'avoir divisé, salé et mélangé, on le met dans un moule garni d'une toile et on le charge d'une pierre ; toutes les 24 heures, pendant 4 à 6 jours, jusqu'à ce que le fromage ait pris de la consistance, on le retourne en le changeant de toile et de moule et on continue une pression progressive.

L'affinage qui se fait en cave fraîche dure 3 ou 4 mois ; mais, avec quelques soins, les fromages peuvent être conservés d'une année à l'autre.

Altier (1). — La Lozère produit, de temps immémorial, sur certains points, des fromages persillés de grosseur variable faits avec des laits mélangés de vache et de brebis, parmi lesquels les plus estimés sont ceux d'*Altier :* après la coagulation, le caillé égoutté et ensemencé de pain moisi est mis dans des moules et y reste très peu de temps ; on le met à sécher sur une claie garnie de paille et on le retourne fréquemment. Le fromage, encore peu consistant, s'affaisse légèrement et prend l'empreinte de la paille. On le sale, lorsqu'il est à moitié sec, en le saupoudrant de sel fin ; puis on complète la dessiccation. Enfin, après l'avoir percé de petits trous avec un poinçon, on le dépose dans une armoire, à la cave, où il mûrit rapidement. La production de ces fromages qui mesurent 20 à 25 cent. de diamètre et 4 à 5 cent. d'épaisseur est restreinte ; on les consomme dans les fermes ; l'excédent est vendu sur les marchés locaux et s'écoule dans le Gard et dans l'Ardèche.

Fromages persillés divers. — Citons, pour terminer, quelques autres *fromages bleus* dont les caractères s'éloignent de plus en plus de ceux du *roquefort :*

Le *champoléon*, appelé aussi *queyras*, fabriqué dans les communes de Champoléon et d'Orcières dans les Hautes-Alpes.

Le *persillé* de Grand-Bornand et de Thônes (Haute-Savoie) fait avec du lait de chèvre ; ses qualités sont très variables.

Le fromage *de Castello-Branco* (Portugal) fait avec du lait de chèvre, très apprécié et rappelant le *roquefort*.

Le *tyrolien bleu de Rastadt*, en forme de brique (*ziegelkœse*).

Le *steirerkœse*, fromage de la Carinthie, vert blanchâtre avec, souvent, une légère végétation verdâtre de *Penicillium glaucum* ; sa saveur est piquante ; on le fait avec du lait écrémé, chauffé à 40° avec addition de cumin, de sel et de poivre.

Le *stilton* fabriqué en Angleterre.

Le *halstein* fabriqué en Suède et en Danemarck.

Enfin, mentionnons le *schabzieger* ou *fromage vert de Glaris* fabriqué dans les cantons suisses de Glaris, d'Appenzel et des Grisons, quoique la couleur caractéristique de ce produit soit obtenue, non plus par le développement du *Penicillium glaucum*, mais par le mélange intime de caillé maigre et de feuilles sèches de *Mélilot bleu*.

---

(1) Ignon : *Bull. de la Soc. d'agr., let., sc. et arts de la Lozère.*

LUTTE CONTRE LES CONTREFACTEURS. — Nous avons reproduit, dans l'*Historique*, un arrêt du Parlement de Toulouse du 31 août 1666, rendu sur la demande des intéressés, interdisant aux imitateurs d'emprunter le nom de *Roquefort* pour le commerce des produits similaires.

Depuis cette date lointaine, l'attitude des négociants de Roquefort contre les imitateurs et contrefacteurs de toute sorte, n'a pas varié, témoin le passage suivant écrit par A. Monteil (1) en 1802 :

« Les caves de Roquefort ne sont pas les seules où l'on prépare des fromages de la même qualité. Il en sort de celles de Cornus, Landric, Saint-Paul, Corps, Espinassous, le Bousquet, Beaumescure et plusieurs autres lieux qui se vend sous le nom de *roquefort* et qui n'en diffère pas de beaucoup quant au goût. Les connaisseurs distinguent cependant le véritable à sa croûte infiniment plus fine et à sa robe mouchetée de rouge. La quantité de ces fromages peut être évaluée à un cinquième des véritables. Du reste, les négociants de Roquefort ont introduit parmi eux cette politique qui sauvait les anciennes républiques : ajournant toutes les jalousies particulières, ils se réunissent contre l'ennemi commun, contre celui qui veut faire du *roquefort* hors de Roquefort. Ils ne se bornent pas à décrier son commerce, ils lui ôtent souvent tous les débouchés en donnant leurs fromages à meilleur marché. Cependant il arrive quelquefois que leur rival se trouve dans l'opulence et fait à son tour des sacrifices pour soutenir la concurrence. Alors le public mange le fromage à très bas prix et rit des querelles de ses pourvoyeurs... »

Il y a quelques années, les négociants de Roquefort n'ont pas craint de soutenir plusieurs procès pour faire prévaloir leurs droits. C'est ainsi que dans un jugement rendu le 30 janvier 1892 par le tribunal civil de Marseille et confirmé, le 24 octobre de la même année, par arrêt de la Cour d'appel d'Aix, à la suite d'un procès intervenu entre le *Syndicat du Commerce des Fromages de Roquefort* et des fabricants d'imitations des départements du Rhône et du Cantal ou leurs vendeurs de Marseille, nous lisons à la suite de considérants nombreux très minutieusement motivés (2), les conclusions suivantes : « ... dit

(1) A. MONTEIL. *Description du département de l'Aveiron* (an X).

(2) Voici les plus essentiels de ces considérants
... Attendu que les demandeurs ont qualité pour revendiquer un privilège consacré par le temps et pour réclamer la réparation d'un préjudice dont ils auraient souffert
Qu'ils ont intérêt à défendre une grande industrie dont les produits exportés au loin forment la richesse du pays qui en est le berceau
Attendu que, depuis un temps immémorial, les fromages de Roquefort ont acquis une renommée qui les fait rechercher par les consommateurs, que leur fabrication soumise à certaines règles que l'expérience a consacrées trouve des perfectionnements inimitables dans la nature du sol et dans les conditions climatériques de la localité ; qu'il s'agit donc d'un produit dont le monopole exclusif avait été attribué aux habitants de Roquefort par des décisions de justice antérieures à la Révolution de 1789 et qui a su conquérir plus tard une réputation dont il est difficile de le déposséder ;
Attendu que, dans le courant de ...., l'un des demandeurs fut avisé que l'on vendait à Paris et dans les départements, sous l'étiquette de *fromages de Roquefort* des produits ayant une autre origine ; qu'il y avait là une concurrence déloyale et que, pour la faire cesser, il convenait de réunir en un Syn-

et juge que les dénominations *roquefort*, *fromage de roquefort*, *ou fromage roquefort* appartiennent exclusivement aux fromages fabriqués et affinés à Roquefort, ordonne, en conséquence, que les sieurs X... etc., seront tenus de supprimer sur leurs factures et papiers de commerce les dénominations *Fabrique de fromages de Roquefort, Spécialité de roquefort, Fabricants de fromages de Roquefort, Fabricants de fromage façon roquefort* ; fait inhibition et défense aux susnommés, d'expédier ou de vendre sous le nom de *roquefort* des fromages qui ne proviendraient pas de Roquefort ; les condamne tous conjointement et solidairement, au profit des demandeurs à 1500 fr. de dommages-intérêts ; ordonne l'insertion du présent jugement dans six journaux publiés en France, etc., etc. »

Des procès plus récents engagés par le même Syndicat contre ceux qui empruntent le nom de Roquefort sans que leurs produits viennent de Roquefort ont abouti sensiblement aux mêmes conclusions : ont seuls le droit, d'après les jugements rendus, de donner à leurs produits le nom de *roquefort* ceux qui possèdent ou exploitent des caves dans les éboulis du *Cambalou*.

---

dicat tous les propriétaires des caves et les fabricants de fromages de Roquefort ; que ce Syndicat ayant été formé, tous les intérêts se trouvent réunis pour s'opposer aux entreprises coupables des imitateurs ;

Attendu qu'il est certain en fait que les fromages vendus par les sieurs .... affectent la forme, la dimension, la couleur et la densité de la pâte, aussi bien que l'aspect général des produits de Roquefort, au point de donner lieu à une confusion ;

Attendu qu'il est vrai qu'aucune marque ou estampille n'était apposée sur les marchandises livrées ou sur les emballages, mais que diverses factures saisies par .... portent impudemment les mentions : *Fabrique de fromage de Roquefort, Spécialité de Roquefort, Caisse fromages Roquefort, Fabricant de fromages Roquefort, Fabrique de fromages façon Roquefort.*

... Attendu que pour s'exonérer de la responsabilité qui pèse sur eux, les défendeurs ont d'abord soutenu que la dénomination de *fromages de Roquefort* ne représentait pas une spécialité déterminée, que c'était un nom générique à la portée de tout le monde ; qu'ils reconnaissent toutefois « que le procédé de fabrication des demandeurs n'a jamais été et ne peut être l'objet d'une appropriation spéciale, la renommée de leurs produits tenant à une cause purement naturelle » ; qu'une semblable déclaration est la reconnaissance formelle des droits des demandeurs en majeure partie propriétaires des fameuses Caves de Roquefort...

D'où il suit que les défendeurs ont usurpé dans leurs ventes le nom d'un produit qui tire sa renommée de la ville ou de la localité où il a été fabriqué ; que cette usurpation a été voulue et que les ventes à bas prix d'une marchandise de qualité inférieure se présentant au public avec les apparences de celle qui répond à ses désirs, est un acte de concurrence déloyale dont les demandeurs sont forcés à se plaindre ;

Attendu, en effet, que le fromage de Roquefort n'a point de similaire, qu'il représente un produit préparé, fabriqué dans la localité dont il porte le nom et que cette désignation appliquée à un autre fromage constitue une fraude ;

Attendu que les pièces de la procédure ne laissent aucun doute sur l'importance des ventes faites par tous les défendeurs de fromages affectant la forme, les apparences et les dénominations de *roquefort*, alors qu'ils étaient fabriqués dans le département du Rhône ou dans le département du Cantal ; que les procédés employés pour opérer ces ventes constituent une concurrence déloyale qui a occasionné aux demandeurs un préjudice incontestable, soit en apportant une diminution dans le chiffre de leurs affaires, soit en jetant dans le commerce, à vil prix, des marchandises de qualité secondaire qui étaient de nature à porter une atteinte grave à la bonne renommée des fromages de Roquefort ;

... Par ces motifs, etc. etc.

INDEX BIBLIOGRAPHIQUE

AFFRE (H.). *Dictionnaire des institutions, mœurs et coutumes du Rouergue.* Rodez, 1903.

ALBESPY (L.). *Le lait, sa composition, son analyse, son contrôle.* Rodez, 1904.

ANCESSI (A.). *Roquefort. (Cult. de l'Av., du Cant. et de la Loz.).* Rodez, déc. 1890.

ANCIEN NÉGOCIANT (Un). *Projet de Société générale à Roquefort.* Rodez, 1892.

ARDOUIN-DUMAZET. *Voyage en France : 35e série: Rouergue et Albigeois.* Paris, 1904.

ARTHAUD-BERTHET. *Sur l'Oïdium lactis et la maturation de la crème et des fromages (C R. Acad. des sc., t. CXL).* Paris, 1905.

— *Recherches sur l'Industrie fromagère et sur une méthode rationnelle de fabrication des fromages avec du lait pasteurisé et ensemencé de cultures de ferments purs sélectionnés. (Rapp. au 2e Congr. intern. de lait.)* Paris, 1905.

ARTIÈRES (Jules). *Annales de Millau.* Millau, 1894-1899.

BARIDON (Paul). *Le stracchino de Gorgonzola (La Lait.).* Paris, 1901.

BARRAL et SAGNIER. *Dictionnaire d'agriculture; mots Larzac, Roquefort.* Paris, 1899.

BARRAU (F. de). *Prix de revient de l'hectolitre de lait de brebis dans l'industrie du fromage de Roquefort (Journ. d'agr. prat.).* Paris, 1902.

— *Le fromage de Roquefort (Journ. d'agr. prat.).* Paris, 1902.

— *Manuel élémentaire et pratique d'agriculture à l'usage des cultivateurs du département de l'Aveyron.* Rodez, 1902.

— *Causeries agricoles (Journ. de l'Av.).* Rodez, 31 mars 1900, 27 janv., 17 mars, 5 mai 1901, 9 févr., 30 mars, 6 juill., 7 sept. 1902, 17 avril, 20 nov. 1904.

BARRAU (H.). *Une excursion à Roquefort. Quelques mots sur la crise fromagère (Cult. de l'Av., du Cant. et de la Loz.).* Rodez, 1897.

BEAU. *Le contrôle des laits dans le Jura (Rapp. au 2e Congr. intern. de lait.).* Paris, 1905.

BERGERET (Agricol). *Concours de la race ovine pure du Larzac (Bull. du Com. agr. de Castres).* Castres, 1904.

BLANCARD (Ch.). *Fromage de Roquefort (Cult. de l'Av., du Cant. et de la Loz.).* Rodez, 1891.

— *Considérations pratiques sur l'industrie laitière dans la fabrication du fromage de Roquefort* St-Affrique, 1896.

— *La crise du roquefort (Progr. agr. et vit.).* Montpellier, 1897.

BLONDEAU (Ch.) *Etude sur le roquefort (Ann. de chim. et de phys., 4e sér., t. I).* Paris.

— *Les Caves de Roquefort.* Aix, 1877.

BOEKHOT (I. W. J.). *Sur la maturation du fromage (Rapp. au 2e Congr. intern. de lait.).* Paris, 1905.

BOIRET (H). *Les brebis laitières (La Lait.).* Paris, 1899 ; (Rev. de l'Ind. lait.). Annecy, 1899.

BOISSE (Ad.). *Esquisse géologique du département de l'Aveyron.* Paris, 1870.

BONAFOUS. *Mémoire sur la fabrication du Mont-Cenis. (Art de faire le beur. et les meill. from., 2e éd.).* Paris, 1833.

BONHOMME (Jules). *Nouveau guide des comices agricoles.* Rodez, 1861.

— *La bergerie.* Rodez, 1864.

BORIE (V.). *Race ovine du Larzac (Journ. d'agr. prat.).* Paris, 1857.

BOSC. *Mémoires pour servir à l'histoire du Rouergue.* Rodez, 1796, 1879, 1905.

BOUFFARD. *Fabrication du fromage de Roquefort dans le département de l'Hérault. Fromagerie de Lunel (Progr. agr. et vit. et Ann. de l'Ec. nat. d'agr. de Montp.).* Montpellier, 1885 et 1886.

BOUSSINGAULT. *Fromages. (Encyc. prat. de l'agr.).* Paris, 1877.

BROCA (H. de). *Réponse à un article de M. Babinet sur Roquefort (Le Napoléonien de l'Aveyron du 1er juin 1867).* Rodez.

BRUYÈRES-CHAMPIER. *De l'alimentation.* Lyon, 1560.

CADILHAC (Ph.). *Le mouton du Larzac (Journ. d'agr. prat.).* Paris, 1855.

— *La race ovine du Larzac (Journ. de l'Agr.).* Paris, 1876.

CARON et PERNOT. *Sites et monuments du département de l'Aveyron.* Rodez, 1837.

CHAPTAL. *Etude sur le fromage de Roquefort. (Ann. de chim.).* Paris, 1787

— *Observations sur les caves et le fromage de Roquefort (Ann. de chim.).* Paris,

1790; (*Art de faire le beur. et les meill. from* , 2ᵉ éd.). Paris, 1833.

CHESNEL (E.). *L'Industrie du Roquefort* (*Journ.d'agr.prat.*). Paris, 1883.

COMBY. *Les concours d'ovidés ariétins dans la région de Roquefort* (*Cult. de l'Av., du Cant. et de la Loz.*). Rodez, oct. 1895.

CORD (E.), G. CORD et A. VIRÉ. *La Lozère, causses et gorges du Tarn, Guide du touriste, du naturaliste et de l'archéologue*. Paris, 1900.

CRISENOY (J. de). *Questions d'agriculture traitées dans les conseils généraux*. Paris, depuis 1896.

CULTIVATEUR DU CAUSSE (Un). *La question des concours régionaux agricoles à propos de la prime d'honneur de l'Aveyron*. Rodez, 1862.

DAREMBERG (CH.) et E. SAGLIO. *Dictionnaire des antiquités grecques et romaines; mots Caseus*, par E. Cougny et *Lac*, par A. Baudrillart. Paris, 1887.

DAUBENTON. *Instructions pour les bergers et les propriétaires de troupeaux*. Paris, 1782.

DECHAMBRE. *Les brebis laitières* (*Journ. d'agr.prat.*). Paris, 1897.

DELALONDE. *L'Ind. lait.* du 24 juin 1877.

DELAPIERRE. *De l'établissement des mares* (*Bull.de la Soc.d'agr., ind., sc. et arts de la Loz.*). Mende, 1868.

— *Imitation des caves de Roquefort* (*Bull. de la Soc. d'agr., ind., sc. et arts de la Loz.*). Mende, 1869.

— *De la confection de la pâte pour le fromage de Roquefort. Plantes sauvages introduites dans la culture fourragère* (*Bull. de la Soc.d'agr. ind., sc.et arts de la Loz.*). Mende, 1870.

DESMAREST. *Fromages de Roquefort* (*Encyc. méthod. des arts et mét. mécan. t.III*). Paris, 1784.

DIDEROT et D'ALEMBERT. *Encyclopédie des sciences, des arts et des métiers*. Paris, 1782.

DONATI (F.). *Fromageries de Roquefort. Succursales en Corse*. Bastia, 1900.

— *L'industrie laitière en Corse* (*L'Ind. lait.*). Paris, 1900.

— *La laiterie en Corse* (*Rev. de l'Ind. lait.*). Annecy, 1900.

— *Le prix du lait* (*Bull.du Synd.agr. de Bastia*). Nov. 1904.

DORNIC (P.). *Le contrôle pratique et industriel du lait*, 2ᵉ éd. Surgères, 1897.

— *Conseils aux producteurs de lait, ou Règles à suivre pour assurer la bonne conservation du lait en été*. Surgères, 1898.

— *La fabrication du beurre et le contrôle des laits ; recherche des fraudes*. Surgères, 1902.

DUCLAUX (E.). *Le lait, études chimiques et microbiologiques*. Paris, 1887.

-- *Principes de laiterie*. Paris.

DUVAL (J.). *La prime d'honneur de l'Aveyron* (*Journ. d'agr. prat.*). Paris, 1861.

FLEISCHMANN (W.).*L'industrie laitière* (*Trad.* de G.Brelaz et Œtli). Paris,1884.

FREY (J.). *Serai vert de Glaris* (*Art de faire le beur. et les meill. from.*, 2ᵉ éd.). Paris, 1833.

FRIANT. *La fabrication du fromage bleu* (*L'Ind. lait.*). Paris, 1905.

— *Le bleu du Jura* (*Le Jura agricole*). Poligny, 1905.

FULBERT-DUMONTEIL. *Les fromages* (*L'Ind. lait.*). Paris, 1901.

GAUJAL (Baron de). *Essais historiques sur le Rouergue*. Paris, 1824.

GAYOT (E.). *Une nouvelle race ovine ; Les brebis laitières* (*Journ.d'agr.prat.*). Paris, 1870 et 1872.

GAYOT (E.) et DE GRAITA. *Mouton* (*Encyc. prat. de l'agr.*). Paris, 1877.

GEORGE (Dr H.). *La race ovine de l'Aveyron* (*Journ. d'agr. prat.*). Paris, 1895.

— *La race ovine du Larzac* (*Journ. d'agr. prat.*). Paris, 1901.

GIBELIN. *Mémoire présenté au jury chargé de décerner la prime départementale* (*Bull. de la Soc. cent. d'agr. de l'Av.*). Rodez, 1846, 1850, 1855.

GIROU DE BUZAREINGUES. *Mémoire sur Roquefort, ses caves, ses fromages et l'agriculture des environs* (*Ann. adm. et sc. de l'agr. fr.*, t. VII). Paris, 1830; (*Art de faire le beur. et les meill. from.*).Paris, 1833.

HOUDET (V.). *Sur le fromage de Roquefort* (*La lait.*). Paris, 1902.

HUART (Gustave). *Annuaire de la laiterie*. Valenciennes, 1897, 1904.

HUGO (Abel). *France pittoresque. Aveyron*. Paris, 1835.

IGNON. *Note sur l'amélioration des fromages à pâte bleue de la Lozère* (*Bull. de la Soc.d'agr., ind., sc.et arts de la Loz.*). Mende, 1896.

IVOLAS (J.). *Étude sur Roquefort*. Montpellier, 1900.

JOLY et FILHOL. *Analyse du lait de brebis appartenant à différentes races* (*C. R. Acad.des sc.*). Paris, 1858.

JULIA (Henri). *Rapport sur l'état actuel des troupeaux dans les arrondissements de St-Affrique et de Millau* (*Bull. de la Soc. cent. d'agr.de l'Av.*).Rodez, 1873.

KAYSER. *Sur l'influence des microbes dans l'Industrie fromagère* (*L'Ind. lait.*). Paris, 1905.

LAURENS. *De la fabrication du fromage dans la Lozère et spécialement du fromage d'Allier* (*Bull. de la Soc.d'agr., ind.,sc. et arts de la Loz.*). Mende, 1861.

LAVAL (H. B. de). *La crise de l'Industrie laitière de Roquefort*. Saint-Brieuc, 1881.

LEBROU (P.). *Le filtrage du lait (Rapp. au 1er Congr. intern. de lait.).* Bruxelles, 1903.

LEFÈVRE. *Concours de La Cavalerie.* Rodez, 1857.

LÉOUZON (L.). *La race ovine du Larzac (Journ. de l'agr.).* Paris, 1874.

— *Composition du lait de brebis et du lait de chèvre (Journ. d'agr. prat.).* Paris, 1880.

LESNE (A.). *Des caves à fromages. A propos des imitations de Roquefort. (Journ. d'agr. prat.).* Paris, 1884.

LIMOUSIN-LAMOTHE. *Mémoire sur Roquefort (Mém. de la Soc. des lett., sc. et arts de l'Av.).* Rodez, 1841.

LOUÏSE (Dr E.). *Fabrication du fromage, Les vers sauteurs (L'Ind. lait.).* Paris, 1901.

LOYERDO (J. de). *La fabrication du Gorgonzole (Journ. de l'agr.).* Paris, 1899.

— *Applications du froid au transport du beurre (Rapp. au 1er Congr. intern. de lait.).* Bruxelles, 1903.

MARCHAND (Henry). *Les concours agricoles.* Paris, 1899.

MARCORELLES. *Mémoire sur le fromage de Roquefort (Mém. de math. et de phys. prés. à l'Acad. des sc. par div sav. étr.). Paris 1760 ; (Bull. de la Soc. cent. d'agr. de l'Av.).* Rodez, 1864.

MARRE (E.). *Rapports sur les concours de la race du Larzac, depuis 1893 (Bull. de la Soc. cent. d'agr. de l'Av). Rodez ; (Arch. dép. de l'Av.).* Rodez.

— *Les races ovines de l'Aveyron et le fromage de Roquefort (Progr. agr. et vit.).* Montpellier, 1894.

— *Monographie du roquefort (Manuscrit couronné par la Soc. nat. d'Enc. à l'Ind. lait.).* Paris, 1896.

— *La race ovine du Larzac. Concours de La Cavalerie (Agr. nouv.),* Paris, 1896.

— *Les fromageries de roquefort (Progr. agr. et vit.).* Montpellier, 1896.

— *La crise du roquefort (Progr. agr. et vit.).* Montpellier, 1897.

— *Mission d'études au pays des fruitières (Rapp. au Cons. gén. de l'Aveyr. et L'Ind. lait.).* Rodez et Paris, 1899.

— *Les concours de l'espèce ovine dans l'Aveyron (Progr. agr. et vit.).* Montpellier, 1899.

· *Production du lait servant à la fabrication du roquefort (L'Acclimat.).* Paris, 1899.

— *Le roquefort à travers les siècles (L'Acclimat.).* Paris, 1899.

— *Les races de brebis exploitées pour la production du roquefort (Bull. de la Soc. des Agr. de Fr.).* Paris, 1900.

— *Monographie du roquefort (Enquête sur l'Ind. lait.).* Manuscrit, 1901.

— *Manuel élémentaire et pratique d'agriculture à l'usage des cultivateurs de l'Aveyron.* Rodez, 1902.

— *La race d'Aubrac et le fromage de Laguiole,* 2e éd. Rodez, 1904.

— *Observations sur la vente du fumier de bergerie destiné à la fumure des vignes (Progr. agr. et vit.).* Montpellier, 1905.

MARSAC. *Fromages de laits mélangés. Fromages du Mont-Cenis (L'Ind lait.).* Paris, 1900.

MARTEL (E.A.). *Les Cévennes et la région des Causses.* Paris, 1891.

MARTIN (Ch.). *Laiterie.* Paris, 1904.

MARTIN (L. H. de). *Etudes sur la fabrication des fromages.* Montpellier, 1867.

MILLET (E.). *Le fromage de Gex (Journ. d'agr. prat. et L'Ind. lait.).* Paris, 1905.

MONTEIL (Amans-Alexis). *Description du département de l'Aveiron,* Rodez, an X de la Rép. ; Villefranche, 2e éd., 1884.

— *Histoire des Français des divers états :* XIVe s., Ep. LXXXI, *Les Etrennes.* Paris, 1828 ; XVIIe s., Chap. LVI, *Du chevalier de Malte.* Paris, 1839.

MOZZICONACCI (A). *Les races ovines de la région méridionale de la France (Progr. agr. et vit.).* Montpellier, 1887.

— *Le choix des brebis laitières (Progr. agr. et vit.).* Montpellier, 1887.

— *Note sur les brebis laitières et leurs produits (Progr. agr. et vit.).* Montpellier, 1888.

— *Les races ovines et leurs productions dans le département de l'Hérault (Progr. agr. et vit.).* Montpellier, 1889.

PANNET (O). *Le chien de berger des Causses, des Cévennes et du Gard (Bull. de la Soc. d'agr., ind., sc. et arts de la Loz.).* Mende, 1901.

PARMENTIER (A) et N. DEYEUX. *Précis d'expériences et observations sur les différentes espèces de lait considérées dans leurs rapports avec la chimie, la médecine et l'économie rurale.* Strasbourg, an VII de la Rép.

PASCAL (L'abbé J.-B.-E.). *Notice sur le fromage de la Lozère à l'occasion de la citation qu'en fait Pline le naturaliste (Bull. de la Soc. d'agr., ind., sc. et arts de la Loz.).* Mende, 1854.

PAYEN. *Précis théorique et pratique des substances alimentaires et des moyens de les améliorer, de les conserver et d'en reconnaître les altérations.* Paris, 1865.

PERRIER (A.). *Sur la Pasteurisation du lait... etc. et sur un nouvel appareil de pasteurisation (Rapp. au 2e Congr. intern. de lait.).* Paris, 1905.

PEUCHET. *Dictionnaire universel de la géographie commerciale.* Paris, an VIII.

PION (E.). *Les fromages corses (La Lait.).* Paris, 1901.

PLINE L'ANCIEN. *Historia naturalis,* (80 apr. J.-C.). Trad. de E. Littré. Paris, 1848.

POURIAU (A F.). *La Laiterie,* 5e éd. Paris, 1895.

— *Les microbes du lait. De leur multiplication et de leur fonction (L'Ind. lait.).* Paris, 1901.

REISSER. *Pline l'Ancien et le « Caseus Lesurae, Gabalicique pagi musteum » (Bull. de la Soc. d'agr., ind., sc. et arts de la Loz.).* Mende, 1901.

RIGAUX (E.). *L'industrie laitière dans le Plateau central (La Lait.).* Paris, 1901.

ROCHE-LUBIN. *Guide pratique du cultivateur aveyronnais sur l'hygiène et le traitement des maladies du bétail.* Rodez, 1850.

— *Nouvelle instruction pratique sur l'Industrie fromagère du roquefort (Bull. de la Soc. cent. d'agr. de l'Av.).* Rodez, 1850.

RODAT (A.). *Observations sur la culture du Larzac et des vallées qui l'environnent (Journ. de l'Av.).* Rodez, 28 nov. 1835.

— *Notice sur les Montagnes de l'Aveyron et sur la fromagerie de Roquefort (Journ. de l'Av.).* Rodez, 14 nov. 1835.

— *Le cultivateur aveyronnais.* Rodez, 1839.

ROGER (G.). *Fromage de Roquefort (L'Ind. lait.).* Paris, 1900.

ROQUES (A.) et J. CHARTON. *Roquefort et ses environs (Le Tour du monde).* Paris, 1875.

ROUCHÈS (Noël). *La fabrication du fromage de Roquefort.* Paris, 1898.

ROUQUETTE (l'abbé). *Recherches historiques sur la ville de Millau.* Millau, 1888.

ROZIER (l'abbé). *Cours complet d'agriculture, mot Fromage.* Paris, 1786.

SABATHIER (J.). *Concours régional de Rodez (Journ. d'agr. prat.).* Paris, 1892.

SANSON (A.). *Les moutons,* Paris, 1878.

— *Larzac (Dict. d'agr.).* Paris, 1889.

SCHULER (P.). *Les caves glacées de Gorgonzole (Cult. de l'Av., du Cant. et de la Loz.).* Rodez, 1887.

SÉNÉQUIER (R.). *Recherches sur le croisement continu (Ann. de l'Ec. nat. d'agr. de Montp.).* Montpellier, 1897-98.

SIMONI (P.). *Les fabriques de roquefort en Corse (Rev. de l'Ind. lait.).* Annecy, 1901.

TAYON (V.). *Variabilité des mamelles chez les ovidés des basses Cévennes (C. R. Acad. des sc.).* Paris, 1880.

— *Sur la brebis laitière (Journ. de l'agr.).* Paris, 1881.

— *Production des agneaux de lait (Ann. de l'Ec. nat. d'Agr. de Montp. et Progr. agr. et vit.).* Montpellier, 1884-85.

THIÉBAUT DE BERNEAUD. *La laiterie (Manuel Roret).* Paris, 1842.

TOULZA (Cte de). *La crise de l'Industrie de Roquefort (Lettre à M. de Laval).* Millau, 1881.

TURGAN. *Les grandes usines. Caves de Roquefort.* Paris, 1867.

TRILLAT (A) et H. FORESTIER. *La composition du lait de brebis (Région du Centre) (C. R. Acad. des sc. et Bull. off. rens. agric.).* Paris, 1902.

VAYSSE DE VILLIERS. *Itinéraire descriptif de la France,* 14e vol. Paris, 1835.

VIALETTES (H.). *De l'Industrie fromagère de Roquefort.* Montpellier, 1904.

VITALIS (Alex.). *La brebis laitière du Larzac (Journ. d'agr. prat.).* Paris, 1880.

Annuaire des cultivateurs du dép. de l'Aveiron, pub. par la Soc. d'agr. séante à Rodez. Rodez, an XI, an XII, an XIII, et 1806.

Arrests de la souveraine cour du Parlement de Toulouse, 31 août 1666 et 31 janv. 1785.

Bulletin de la Soc. cent. d'agr. de l'Av. Rodez, depuis 1839.

Bulletin des séances de la Soc. nat. d'Agriculture de France. Paris, depuis 1893.

Dossiers des concours de la race du Larzac, depuis 1855 (Arch dép. de l'Aveyr.).

Enquête sur l'industrie laitière (Min. de l'Agr. : Off. de rens. agric.). Paris, 1903.

Fabrication du fromage à Roquefort (Ass. franç. pour l'av. des sc., 8e ses. Montpel. 1879), Paris 1880.

Feuille villageoise de l'Aveyron (La). Rodez, 1806 à 1809 et 1821 à 1827.

Journal de l'Aveyron. Rodez, 1809 ; 1833 à 1837 ; 1900 à 1905.

Jugements du 30 janv. 1892 (Trib. civ. de Marseille) et du 24 oct. 1892 (Cour d'app. d'Aix).

La crise du roquefort (Le Petit Journal), 1897.

Notice sur les caves et les fromages de Roquefort (Propriété de la Soc. des Cav. r. de Roq.), 1867 et 1889.

Propagateur aveyronnais (Le). Rodez, 18 7 à 1833.

Rapports du Préfet au Conseil général de l'Aveyron. Rodez, depuis 1897.

Rapports préliminaires et Comptes rendus sommaires officiels du 2e Congrès international de laiterie. Paris, 1905.

Rapports sur les primes d'honneur de l'Aveyron (Bull. de la Soc. cent. d'agr. de l'Av.) Rodez.

Rapports sur les concours régionaux de Rodez (Bull. de la Soc. cent. d'agr. de l'Av. et divers). Rodez.

Rapports sur les primes départementales de l'Aveyron (Bull. de la Soc. cent d'agr. de l'Av.). Rodez.

Registre des procès-verbaux du « Bureau d'agriculture ou Société libre d'agriculture de Rodez », an VI à an X (Bull. de la Soc. cent. d'agr. de l'Av. Rodez, 1833.

Roquefort. (Le Cult. de l'Av. du Cant. et de la Loz.), Rodez 1887, p. 55 ; 1892, p. 116, 514 ; 1897, p. 35.

Société anonyme des caves et des producteurs réunis de Roquefort : Circulaire, Statuts, Banque agricole, 1881.

Statuts du Syndicat des propriétaires du Dourdou et du Caussé producteurs de fromage de Roquefort. St-Affrique, 1897.

TABLE DES MATIÈRES

2000-12-05. Rodez, imp. E. Carrère.

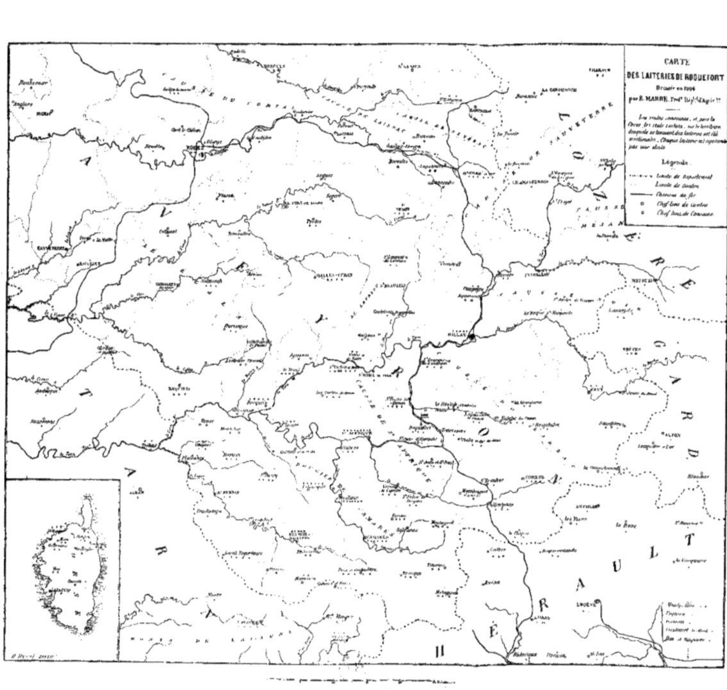

CARTE
DES LAITERIES DE ROQUEFORT
Dressée en 1906
par R. MARRE
Légende
Limite de Département
Limite de Canton
Chemins de fer
Chef-lieu de Canton
Chef lieu de Commune

Le Roi des Fromages

APÉRITIF

DIGESTIF

Maison fondée en 1865

Maria GRIMAL

ROQUEFORT

AVEYRON - FRANCE

Adresse Télégraphique :
GRIMAL , Roquefort-sur-Soulzon
(FRANCE)

Pour avoir le vrai, demander :

Le ROQUEFORT Maria GRIMAL

EXTRAIT de PRÉSURE (Danois)

LIQUIDE et SOLIDE (en Poudre et en Tablettes)

COLORANT pour BEURRE — COLORANT pour FROMAGE

PROCÉDÉ CH. HANSEN

J. BOLL

Chevalier du Mérite agricole

Expositions Universelles de 1878, 1889 et 1900 — MÉDAILLE D'OR

Expositions Universelles Anvers et Chicago — 5 MÉDAILLES

PARIS — 49, rue de Lyon, 49 — PARIS

FERMENT LACTIQUE POUR L'ACIDIFICATION DE LA CRÈME

123 Médailles à divers Concours et Expositions

FROMAGES DE ROQUEFORT

GRANDE SOCIÉTÉ P. LEBROU & Cⁱᵉ

ROQUEFORT (Aveyron)

DIRECTEUR : **Paul LEBROU**, Ingénieur des Arts et Manufactures

Lauréat de la Société Française d'Encouragement à l'Industrie Laitière 1ᵉʳ **PRIX**

Rapporteur au 1ᵉʳ Congrès International de Laiterie — BRUXELLES 1903

Membre de la Société des Ingénieurs Civils de France

GRANDS PRIX collectifs, Exposition Universelle St-Louis 1904 — MÉDAILLES D'OR — HORS CONCOURS
LIÈGE 1905

CAVES RÉFRIGÉRÉES POUR LA CONSERVATION

Laboratoire d'Analyses et de Recherches Bactériologiques

NOUVEAU PROCÉDÉ SPÉCIAL POUR LA BONNE FABRICATION DU *ROQUEFORT*

Breveté en France et à l'Étranger

Représentée à Paris par M. J. CINTRAT, 154, rue du Faubourg-St-Denis

Adresse Télégraphique : LEBROU ROQUEFORT-SUR-SOULZON

ROQUEFORT ▪ CHEESE

Manager : **Paul LEBROU**, *Ingénieur des Arts et Manufactures*

Laureate of the french Society for the Encouragement of the Dairy Industry **Awarded first Prise**

Member of the French Civil Engineers' Association

AWARDED " GRAND PRIX — GOLD MEDALS

Laboratory for Analysis and Bacteriological Researches

New Special Process for the Manufacture in good conditions of **Roquefort Cheese**

Patented in France and Foreign Countries

Represented in Paris by M. J. CINTRAT, 154, Rue du Faubourg-Saint-Denis

Telegrams : LEBROU-ROQUEFORT-SUR-SOULZON

CHEMIN DE FER D'ORLÉANS

BILLETS D'ALLER ET RETOUR A PRIX RÉDUITS

pour La Bourboule, Le Mont-Dore, Chamblet-Néris (Néris-les-Bains), Royat, Vic-sur-Cère et Le Lioran

Pendant la saison thermale, du **1er Juin** au **30 Septembre**, la Compagnie d'Orléans délivre, à toutes les gares de son réseau pour les stations thermales de **La Bourboule**, du **Mont-Dore**, de **Chamblet-Néris (Néris-les-Bains)**, de **Royat**, de **Vic-sur-Cère** et du **Lioran** des billets d'aller et retour à prix réduits dont la durée de validité est de **10 jours**, non compris les jours de départ et d'arrivée. Cette durée peut être prolongée de 5 jours, moyennant paiement d'un supplément de 10 % du prix total du billet d'aller et retour.

EXCURSIONS

EN AUVERGNE ET DANS LE LIMOUSIN

Avec arrêt facultatif à toutes les gares du parcours

La Compagnie d'Orléans délivre du *1er Juin au 30 Septembre*, au départ de **Paris**, des Billets d'**Excursions** en **Auvergne** et dans le **Limousin**, valables pendant *30 jours*, aux prix réduits ci-après et comportant les itinéraires A et B ci-dessous.

Itinéraire A. — 1re CLASSE : **98** francs — 2e CLASSE : **73** francs.

Paris, Vierzon, Bourges, Montluçon, Chamblet-Néris (Bains de Néris), **Evaux-les-Bains** (Bains d'Evaux), **Eygurande, La Bourboule** (Bains de La Bourboule), **Le Mont-Dore** (Bains du Mont-Dore), **Royat** (Bains de Royat), **Clermont-Ferrand, Largnac, Ussel, Limoges** (par Tulle, Brive et Saint-Yrieix ou par Eymoutiers), **Vierzon, Paris.**

Itinéraire B. — 1re CLASSE : **120** francs — 2e CLASSE : **90** francs.

Paris, Vierzon, Bourges, Montluçon, Chamblet-Néris (Bains de Néris), **Evaux-les-Bains** (Bains d'Evaux), **Eygurande, La Bourboule** (Bains de La Bourboule), **Le Mont-Dore** (Bains du Mont-Dore), **Royat** (Bains de Royat), **Clermont-Ferrand, Largnac, Vic-sur-Cère, Arvant, Figeac, Rodez, Decazeville, Rocamadour** (Padirac, Miers), **Brive, Limoges** (par Saint-Yrieix ou par Uzerche), **Vierzon, Paris.**

La durée de validité de ces billets (*30 jours*) peut être prolongée d'une, deux ou trois périodes successives de 10 jours, moyennant le paiement, pour chaque période, d'un supplément égal à 10 % du prix du billet.

BAINS DE MER DE L'OCÉAN

BILLETS D'ALLER ET RETOUR A PRIX RÉDUITS

Valables pendant 33 jours (*non compris le jour du départ*).

Pendant la saison des Bains de Mer, du **Samedi, veille de la Fête des Rameaux**, au **31 Octobre**, il est délivré, à toutes les gares du réseau, des Billets aller et retour de toutes classes, à **prix réduits**, pour les stations balnéaires ci-après :

Saint-Nazaire, Pornichet (Sainte-Marguerite), **Escoublac-la-Baule, Le Pouliguen, Batz, Le Croisic, Guérande, Vannes** (Port-Navalo, Saint-Gildas-de-Ruiz), **Plouhardel-Carnac, Saint-Pierre-Quiberon, Quiberon, Le Palais** (Belle-Ile-en-Mer), **Lorient** (Port-Louis, Larmor), **Quimperlé** (Le Pouldu), **Concarneau, Quimper** (Bénodet, Beg-Meil, Fouesnant), **Pont-L'Abbé** (Langoz, Loctudy), **Douarnenez, Châteaulin** (Pentrey, Crozon, Morgat).

CHEMINS DE FER DU MIDI

Les voyageurs peuvent effectuer de nombreux voyages sur le réseau du Midi (*notamment dans les Pyrénées et aux Gorges du Tarn*), au moyen d'une des combinaisons suivantes, comportant de notables réductions sur les prix ordinaires des places :

1° BILLETS D'ALLER et RETOUR INDIVIDUELS et de FAMILLE, *de toutes classes*, à destination des stations thermales et balnéaires situées sur le réseau du Midi.

Durée (¹) : *33 jours, non compris le jour de départ et d'arrivée.*

2° BILLETS de VOYAGES CIRCULAIRES PARIS-CENTRE de la FRANCE PYRÉNÉES-PROVENCE et GORGES DU TARN (*de 1ʳᵉ et 2ᵉ classes*).

Durée (¹) : 20 jours pour les voyages intérieurs Midi (G. V. 5) et 30 jours pour les voyages communs avec l'Orléans et le P. L. M (G. V. 105). — En outre, il est délivré sur les réseaux du Midi et d'Orléans, des billets spéciaux d'aller et retour à prix réduits pour permettre aux voyageurs porteurs de billets de voyages circulaires de visiter des points situés en dehors du voyage circulaire : les **Eaux-bonnes**, les **Eaux-chaudes**, **Carcassonne**, etc.

3° BILLETS d'ALLER et RETOUR de FAMILLE pour les VACANCES

Durée : 33 jours non compris le jour de départ.

4° CARTES d'EXCURSIONS de PARIS dans le CENTRE de la FRANCE et les PYRÉNÉES

Ces cartes sont délivrées du 15 Juin au 15 Septembre. — Durée (¹) : *un mois.*

Il existe cinq zones d'excursions sur lesquelles le voyageur a droit à la **libre circulation** (²).
Les prix totaux de la carte (*y compris le trajet aller et retour de Paris à la zone choisie*) sont ainsi fixés :

	1ʳᵉ CLASSE	2ᵉ CLASSE	3ᵉ CLASSE
Zone A	150 fr.	105 fr.	70 fr.
— B ou C	190 fr.	140 fr.	95 fr.
— D ou E	230 fr.	170 fr.	115 fr.

Sur ces prix il est accordé pour les familles une réduction qui va de 10 % pour la deuxième personne, jusqu'à 50 % pour la sixième et les suivantes.

5° BILLETS SPÉCIAUX d'ALLER et RETOUR de toutes classes pour LOURDES

délivrés au départ de toutes les gares des réseaux de l'Etat, du Nord, de l'Ouest, de l'Est, de P. L. M., d'Orléans et dans toutes les gares du Midi situées à plus de 150 kilomètres de Lourdes. Durée de validité variable suivant la longueur du parcours : 4 à 12 jours, non compris le jour du départ.

AVIS. — Un **Livret** indiquant en détail les conditions dans lesquelles peuvent être effectuées les divers voyages d'excursions, de famille, etc., sera envoyé gratuitement à toute personne qui fera parvenir au Service Commercial de la Compagnie, 54, boulevard Haussmann, à Paris (IXᵉ Arrondᵗ), le montant de l'affranchissement du Livret, soit 0 fr. 25.

(¹) Faculté de prolongation moyennant supplément de 10 %.
(²) Consulter pour les détails, le tarif commun G. V. Nᵒ 106.

LISTE ALPHABÉTIQUE DES ANNONCES.